U0395882

苏州大学文正学院教材建设基金资助

周敏彤 蒋常炯 苏梓豪 主编

DIANZI SHIYAN JISHU JICHU

电子实验技术基础

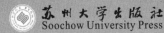

苏州大学出版社
Soochow University Press

图书在版编目(CIP)数据

电子实验技术基础 / 周敏彤,蒋常炯,苏梓豪主编
. —苏州:苏州大学出版社,2021.8
ISBN 978-7-5672-3673-8

Ⅰ. ①电… Ⅱ. ①周… ②蒋… ③苏… Ⅲ. ①电子技
术－实验－高等学校－教材 Ⅳ. ①TN-33

中国版本图书馆 CIP 数据核字(2021)第 155713 号

书　　名:电子实验技术基础

主　　编:周敏彤　蒋常炯　苏梓豪

责任编辑:周建兰

装帧设计:吴　钰

出版发行:苏州大学出版社(Soochow University Press)

社　　址:苏州市十梓街 1 号　邮编:215006

印　　刷:丹阳兴华印务有限公司

邮购热线:0512-67480030

销售热线:0512-67481020

开　　本:787 mm×1 092 mm　1/16　印张:14　字数:307 千

版　　次:2021 年 8 月第 1 版

印　　次:2021 年 8 月第 1 次印刷

书　　号:ISBN 978-7-5672-3673-8

定　　价:40.00 元

若有印装错误,本社负责调换
苏州大学出版社营销部　电话:0512-67481020
苏州大学出版社网址　http://www.sudapress.com
苏州大学出版社邮箱　sdcbs@suda.edu.cn

前　言
Preface

　　电子信息学科是当今世界发展最快的学科,作为众多应用技术的理论基础,对人类文明的发展起着重要的作用,包含诸如电子科学与技术、电子信息工程、通信工程等一系列子学科,同时涉及计算机、自动化和生物电子等众多相关学科。这些专业的教学中自始至终贯穿着各项电子实验。电子实验教学的目的很明确:一是用来验证理论知识的正确性,使学生通过实验更好地理解学到的理论;二是培养学生的动手能力,提升学生工程素养和创新水平。在各项电子实验中,学生需要具备一些基本的专业技能,我们称之为电子实验技术。它包括电子元器件认知、电子仪器使用、电路板设计与制作、焊接、测试等技能。本书针对这些技能知识给出了相应的介绍,在书中的实验内容里增加电路制作的要求和电路测试方法,强化对学生进行仪器使用、电路焊接等技能的训练。另外,随着 EDA (Electronic Design Automation)技术的发展,电路仿真软件被广泛应用于电路设计工作中。利用软件就能仿真出设计电路的工作状态和各项电路参数。在"模拟电子技术""数字电子技术"等课程的学习中使用电路仿真软件可以帮助学生更好地理解电路的特点。本书专门有一章来介绍电路的辅助分析软件 Multisim 的使用。

　　本书适合作为电子信息类专业的"电子实验技术基础"课程或其他类似课程的教材。这些课程通常开设于大学第二学期或第三学期,是电子信息类专业必修的主干核心课,同时也是第一门专业实验课程。一般这门课程和"电路分析"课程开设于同一个学期或滞后一个学期。此时的学生仅掌握不多的电路理论知识,其他专业理论课程的学习正在进行或尚未开始,理论基础还比较薄弱,实验技能也有待加强。另外,学生在测量数据的处理与分析、科技写作等方面的科学素养还需要培养。基于以上实验背景,本书给出的教学目标是: ① 通过实验现象加强学生对理论知识的理解;② 培养学生的电路制作与调试等相关实验技能;③ 让学生掌握实验数据处理与分析方法及实验报告的撰写规范。

　　本书分为六章:"第 1 章　电子实验技术基础知识"包括电子实验技术课程中的电路制作和调试方法、实验数据的处理方法、实验报告的撰写格式等内容;"第 2 章　常用电子元器件"按无源元件、半导体器件、电路通断控制器件、传感器和指示器件这几类介绍了各种元器件的特点和封装;"第 3 章　实验室常用仪器"以具体型号为例介绍了多用表、直流稳压电源、函数信号发生器和数字示波器的各项功能及操作方法;"第 4 章　电子电路计算机辅助分析与设计"介绍了电路仿真软件 Multisim 14 的使用及各种仿真分析方法;"第

5 章　电子技术基础实验"共有 10 个实验,实验一至九为验证性实验,实验十为综合性实验;"第 6 章　收音机的安装实训"介绍了 B123 调幅收音机的工作原理及元件测量、安装步骤、调试方法等。

本书的实训教学参考学时数为 54 学时:电路仿真 15 学时,电路制作与实验 39 学时,其中收音机实训为 9 学时,具体见下表。

实训课时分配参考表

实验名称	仿真课时	电路制作与实验课时
实验一　常用电子仪器的使用		3
实验二　熟悉 Multisim 软件环境	3	
实验三　学习 Multisim 软件的分析方法	3	
实验四　RC 移相电路	1	3
实验五　二极管的基本应用之整流电路	1	3
实验六　二极管的基本应用之钳位电路	1	3
实验七　双极结型三极管(BJT)共射极放大电路	1	3
实验八　MOSFET 共源放大电路	1	3
实验九　集成运算放大器的参数测试	1	3
实验十　集成运算放大器的线性运用		
实验十一　电压比较器	1	3
实验十二　555 声控开关	1	3
实验十三　收音机的安装实训		9

本书由周敏彤、蒋常炯、苏梓豪主编,由周敏彤统稿。参与编写的人员还有林红、石明慧、陈蕾、钱敏、孙敏、郑君媛、曹飞寒、朱祁凤、周淑玉等老师。

限于作者水平,书中难免会有不妥之处甚至错误之处,恳请读者不吝赐教。

目 录
Contents

第 1 章

电子实验技术基础知识

在实际工作中,除了要掌握常用的电子元器件的原理、电子电路的基本组成及分析方法外,还要掌握电子元器件及基本电路的应用技术,因而实验课已成为电子技术教学中的重要环节。学生通过实验,可掌握器件的性能、参数、电子技术的内在规律及各个功能电路间的相互影响,从而验证理论,进一步理解和掌握理论知识。

1.1　电子实验技术的基本流程

电子实验技术的内容广泛,每个实验的目的和步骤虽有所不同,但基本过程则是类似的。其基本流程一般包括以下几个环节。

1. 实验前的预习

实验前的预习可以很好地帮助学生避免盲目实验,使实验过程有条不紊地进行。每个实验者做实验前都要做好以下几方面的准备:

- 阅读实验教材,明确实验目的、任务,了解实验内容。
- 复习有关理论知识,认真完成所要求的电路设计任务。
- 根据实验内容,拟好实验步骤,选择测试方案,掌握实验仪器的使用方法。
- 对实验中需要记录的原始数据和待观察的波形应先列表待用。

2. 实验电路的制作

在实验课上严格遵守实验操作规范是保证实验质量、增强实验效果的重要前提。实验者需要按照实验的操作规范进行实验电路的制作。

根据实验教学大纲,实验电路的制作方法会有不同的要求,如有些实验会要求使用实验箱上的多孔插座板进行电路制作,有些实验会要求使用面包板进行电路制作,有些实验会要求使用万能板进行电路制作,还有些实验会要求学生使用计算机绘制电路的原理图和 PCB 图,使用计算机辅助工具来完成电路的制作。具体方法在 1.2 节中进行详细的介绍。

3. 实验的测试

要观察实验现象,需要对实验电路进行测试。要做好测试前的准备工作,并按照电子测量的基本程序和方法进行测试。

• 首先检查 220 V 交流电源和实验用的元器件、仪器仪表等是否齐全且符合要求,检查各种仪器面板上的旋钮或菜单功能,使之处于所需的待用位置。

• 对照实验电路图,对实验电路板上的元器件和接线仔细进行寻迹检查,检查各引线有无接错,特别是电源、电解电容的极性是否接反,防止碰线短路等问题。经过认真仔细检查,确认搭建无差错后,方可将实验电路板与电源、测试仪器接通。

• 按照电子测量的基本程序和方法进行测试,记录下实验数据,并分析实验数据是否合理。

4. 实验的故障检测与排除

在实验电路的制作和调试过程中,不可避免地会出现各种各样的故障现象,因此,在实验中检查和排除故障也是实验的重要环节。实验者应掌握常见故障的检查和排除的基本方法。具体措施见 1.3 节。

1.2　电子实验技术的操作规范

学生在进入工作岗位后作为工程、科研人员,经常要对电子设备进行安装、调试和测量,这就要求学生在进行专业技能训练时,从一开始就应注意培养正确、良好的操作习惯,并逐步积累实践经验,不断提高实验水平。

1. 实验仪器的合理布局

电子实验技术中直流稳压电源、函数信号发生器、数字示波器和多用表是常用的实验仪器,在实验过程中,要按信号流向,并根据连线简捷、调节顺手、观察与读数方便的原则尽可能地将实验仪器和实验对象(如实验板或实验装置)进行合理布局。

将输入信号源置于实验板的左侧,测试用的示波器与多用表置于实验板的右侧,实验用的直流电源置于中间位置。认真检查各实验仪器、仪表是否能正常工作。

2. 实验电路的搭建

目前,在实验室中进行电子实验技术所使用的实验电路的搭建通常有以下四种方式:

(1) 使用实验箱上的多孔插座板进行电路制作

这是当前较为常见的一种实验电路制作方式。实验箱通常与某一门或几门课程相关,如电子线路实验箱、数字电路实验箱、自动控制实验箱等。实验箱上集成了若干个实验电路,器件安装在实验箱中一般不可见,而在实验箱的面板上则只能看到电路的原理图及可供连接的多孔插座,利用这些多孔插座可以直接插接、安装一些可更换的器件,连接实验电路而无须焊接。图 1.2.1 给出了几种形式的多孔插座板。

这种电路制作方式可帮助学生尽快地实现电路的功能,减少在电路制作上花费的时间。

图 1.2.1　多孔插座板

（2）使用面包板进行电路制作

面包板是一种有很多小插孔的板子,专为电子电路的无焊接实验设计和制造,如图 1.2.2 所示。由于各种电子元器件可根据需要轻松插入或拔出,免去了焊接,节省了电路的组装时间,而且元件可以重复使用,所以其非常适合电子电路的组装、调试和训练。

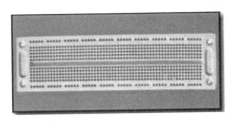

图 1.2.2　面包板

面包板的结构如图 1.2.3 所示,整板使用热固性酚醛树脂制造,板底有金属条,在板上对应位置打孔,使得元件插入孔中时能够与金属条接触,从而达到导电的目的。一般将每 5 个孔板用一条金属条连接。板子中央一般有一条凹槽,这是针对需要进行集成电路、芯

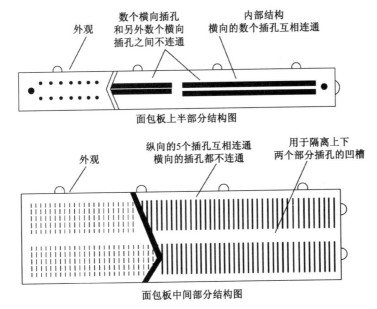

图 1.2.3　面包板的结构

片试验而设计的。板子的上下两侧有一排或两排横着的插孔,也是 5 个一组,这几排插孔用于给板子上的元件提供电源或者方便地把电路的信号输出给测量仪器。

（3）使用万能板进行电路制作

万能板是一种按照标准 IC 间距(2.54mm)布满焊盘,可按自己的意愿插装元器件及连线的印制电路板,俗称“洞洞板”。目前市场上出售的万能板主要有两种,一种焊盘各自独立,称为单孔板,单孔板又分为单面板和双面板两种;另一种多个焊盘连在一起,称为连孔板。两种万能板的外观如图 1.2.4 所示。相比使用实验箱或者面包板进行电路制作,使用万能板进行电路制作,可以使学生在元件布局、电路走线、电路焊接技能方面得到充分训练,电路连接使用焊接代替插孔,可以使连接更加可靠,并且电路扩展也比较灵活。

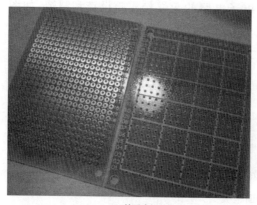

(a) 单孔板　　　　　　　　　　　　　　　(b) 连孔板

图 1.2.4　万能板

（4）使用 EDA 技术进行印刷电路板制作

印刷电路板(Printed Circuit Board)又称为 PCB 板,由绝缘底板、连接导线和装配焊接电子元件的焊盘组成,具有导电线路和绝缘底板的双重作用。它可以代替复杂的布线,实现电路中各元件之间的电气连接,不仅简化了电子产品的装配、焊接工作,减少传统方式下的接线工作量,大大减轻工人的劳动强度,而且缩小了整机体积,降低了产品成本,提高了电子设备的质量和可靠性。目前印制板的品种已从单面板发展到双面板、多层板和挠性板,结构和质量也已发展到超高密度、微型化和高可靠性程度,新的设计方法、设计用品和制板材料、制板工艺仍在不断涌现。

近年来,各种计算机辅助设计(CAD)印制电路板的应用软件已经在行业内普及与推广开来,在专门化的印制板生产厂家中,机械化、自动化生产已经完全取代了手工操作。常用的 PCB 设计软件提供商有 Altium、Cadence、Mentor 等。对于 PCB 设计软件,学会使用一个,其余的学习起来就比较容易了,因为这类软件的功能都是很接近的。

在高年级的电子实验技术课程中,一般会要求学生使用 EDA 技术完成电路设计,制作 PCB 板,并进行系统调试。使用计算机软件辅助进行电路原理图和 PCB 图的绘制在“电子线路 CAD”课程中有详细介绍,读者也可查阅相关参考书籍,这里不再赘述。

3．实验电路制作的一般原则

实验电路中合理的元件布局、正确而整齐的布线显得极为重要，这不仅是为了检查、测量的方便，而且可以确保线路稳定可靠地工作。实践证明，草率和杂乱无章的接线往往会使线路出现难以排查的故障，以至于最后不得不重新进行电路制作，浪费了许多时间。为了实验的顺利进行，在进行电路制作时应注意做到以下几点：

① 元件布局一般应以集成电路或三极管等电路中的主要器件为中心，并根据输入、输出分离的原则，以适当的间距安排其他元件。最好先画出实物布置图和布线图，以免出现差错。

② 接插或焊接元器件和导线时要非常小心。对于采用接插方式的电路，接插前必须保持待插元件和导线的插脚平直，接插时应小心地用力插入，以保证插脚与插座间接触良好。实验结束时，应轻轻拔下元器件和导线，切不可用力过猛。对于采用焊接方式的电路，先焊接难度大的，即管脚密集的贴片式集成芯片，避免焊接失败，造成前功尽弃；按照先低后高的原则先安装贴片元件，后安装直插式元件，使得焊接得以顺利进行。

③ 布线的顺序一般是先布电源线和地线，如果是接插方式的电路，按布线图从输入到输出依次连接好各元器件和接线；如果是焊接方式的电路，在实验板上先标出元器件的位置，把元器件先焊好，再按布线图把接线焊好。在布线时应尽量做到走水平或垂直线，并做到接线短、接点少，还要考虑到测量的方便，留出一些测试点。

④ 在接通电源之前，要仔细检查所有的连接线，特别要注意检查各电源的连线和公共地线是否接得正确。查线时仍以电路中的主要元器件为出发点，逐一检查与之相连的元器件和连线，在确认正确无误后方可接通电源。

4．仪器与实验板间的接线规则

仪器和实验板间的接线要用颜色加以区别，以便于检查，如电源线（正极）常用红色，公共地线（负极）常用黑色。接线头要拧紧或夹牢，以防因接触不良或脱落而引起短路。

电路的公共接地端和各种仪表的接地端应连接在一起，既作为电路的参考零点（即零电位点），同时又可避免引起干扰。在某些特殊场合，还需将一些仪器的外壳与大地接通，这样可避免外壳带电，从而确保人身和设备安全，同时又能起到良好的屏蔽作用。

信号的传输应采用具有金属外套的屏蔽线，而不能用普通导线，而且屏蔽线外壳一定要接地，否则有可能引起干扰，而使测量结果和波形异常。

5．注意人身和仪器设备的安全

（1）注意安全操作规范，确保人身安全

为了确保人身安全，在调换仪器时必须切断试验台的电源。另外，为防止仪器和器件损坏，通常切断实验电路板上的电源后才能改接电路。

仪器设备的外壳应良好接地，防止机壳带电，以保证人身安全。在调试时，要逐步养成单手操作的习惯，并注意人体和大地之间有良好的绝缘。

（2）爱护仪器设备，确保实验仪器和设备的安全

在使用仪器的过程中，不必经常开关电源，因为多次开关电源往往会引起电流冲击，

使仪器的使用寿命缩短。

切忌无目的地随意拨弄仪器面板上的开关和旋钮。实验结束后,通常只要关断仪器电源和实验台的电源,而不必将仪器的电源线拔掉。

为了确保仪器设备的安全,在实验室配电柜、实验台及各仪器中通常都安装有电源熔断器。更换时要使用同规格的熔断器,切勿随意代用。

要注意电路中的电压或电流切勿超过仪表允许的安全电压或电流。当测量大小无法估计时,应从仪表的最大量程开始测试,然后逐渐减小量程测试。

1.3 实验调试与故障检测技术

1. 实验调试技术

对于一个电子电路,即使完全按照所设计的电路参数进行安装,往往也难以立即实现电路的预期功能,这是因为在设计时对各种客观因素的影响并不能完全预测,如元器件的分散性、电路寄生参数的影响、交流电网的干扰及在组装电路时由于不慎所带来的错误等,均可能造成预想不到的后果。因此,必须经过实验测试和调试,发现和纠正设计与组装中的不足,才能达到预期的设计要求。因此,掌握电路的调试技术,对一名将要从事电子技术工作的学生来讲就显得尤为重要。

下面就如何进行电子实验调试及有关注意事项做简单介绍。

(1)测试前的直观检查

实验电路安装完毕之后,不要急于通电测试,首先必须做好以下检查工作。

① 检查连线情况。对于安装在 PCB 板上的实验电路,即使连线数量不是很多,也难免有接错线的时候。接线错误可能有三种情况:错接,即连线一端正确,另一端错误;漏接,即应该接线但未接;多接,即电路上出现多余的连接。检查连线最好按照电路原理图进行,可以从电源出发,根据电流方向从电源的正极出发,负极返回,一个回路、一个回路地检查,也可以采用以电路上的核心器件为中心,依次检查其引脚的有关连线。

② 检查元器件的安装情况。应重点检查集成芯片、二极管、三极管、电解电容等引脚和极性是否接错,引脚间有无短路,同时还需要检查元器件焊接处是否可靠。

③ 检查电源输入端与公共地端之间有无短路。通电前,还需要用多用表检查电源输入端与地之间是否存在短路,若存在短路,则必须进一步检查其原因。

在完成了以上各项检查并确认无误后,才可通电调试。此时特别要注意电源的正负极性。

(2)调试方法

所谓调试,是以达到电路设计指标为目的而进行的一系列的测量、判断、调整、再测量的反复的过程。为了测试顺利进行,在电路设计文档、电路图中最好标明有关测试点的电位值及相应的波形图。

调试通常采用先分调后联调（总调）的方法。由于任何复杂的电路实际上都是由一些基本单元电路组成的，因此调试时可以循着信号的流向，由前向后逐级调整各单元电路。其思想方法是由局部到整体，即在分步完成各单元电路调试的基础上，逐步扩大调试范围，最后完成整机调试。

按照上述调试原则，具体调试步骤如下：

① 通电观察。先将直流稳压电源调至要求值，然后再接入电路。此时观察电路有无异常现象，如有无异常气味、手摸元器件是否发烫及电源是否被短路等。如果出现异常现象，应立即切断电源，待故障排除后才能再次通电。经过通电观察，确认电路已能进行测量后，方可转入正常调试。

② 静态调试。静态调试是指在没有外加信号的条件下所进行的直流测试和调整过程。例如，在 BJT 放大电路实验中，电路制作完成后，首先要确保三极管工作在合适的静态工作点上，这样才能使电路工作状态符合要求。测量静态工作点的基本工具是多用表，为了测量方便，往往使用多用表的直流电压挡测量三极管 C、B、E 极对地电压，然后计算各三极管的集电极电流等静态参数。通常情况下，为了防止外界干扰信号引入电路，输入端与地之间要短接。

通过静态调试，可以及时发现已经损坏的元器件，判断电路工作状态，并及时调整电路参数，使电路工作状态符合设计要求。

③ 动态调试。动态调试是在静态调试的基础上进行的。在电路的输入端接入幅度和频率合适的周期信号，然后采用信号跟踪法，即用示波器沿着信号的传递方向，逐级检查有关各点的波形和信号电压的大小，从中发现问题，并予以调整。在动态调试过程中，示波器的信号输入方式最好置于"DC"挡，这样可以通过直流耦合方式，同时观察被测信号的交直流成分。当然，如果被测信号的直流成分远大于交流成分，使用示波器"DC"挡的信号输入方式，交流成分很难被观测到，这时就需要将示波器的信号输入方式置于"AC"挡，这样就可以通过交流耦合方式，将信号中过大的直流信号滤掉，仅保留信号中的交流成分，以方便进行信号放大后的观察和测量。

完成了静态调试和动态调试之后，即可检查整机电路的各项指标是否满足设计要求，若不满足要求，则需进一步对电路参数进行合理的修正。

（3）调试中的注意事项

调试结果是否正确，很大程度上受测量正确与否和测量精度的影响。为了保证调试的效果，必须减小测量误差，提高测量精度。为此，需要注意以下几点：

① 仪器与实验电路的接地端需连在一起。

② 所用测量仪器的输入阻抗必须远大于被测电路两端的等效阻抗。

③ 测量仪器的带宽必须大于被测电路的带宽。

④ 正确选择测试点。

⑤ 用间接测量法简化测量操作。

对于在测量中如何提高测量精度，在 1.4 节中将有较为详细的介绍。

2. 常见故障的检查和排除方法

在电路的设计、安装与调试过程中,不可避免地会出现各种故障现象,因此检查和排除故障是电气电子工程技术人员必备的专业技能。一般说来,故障诊断的过程是:从故障现象出发,通过反复测试做出分析判断,逐步找出故障原因。

(1) 常见故障

① 测试设备引起的故障。有的测试设备由于功能失常或测试探棒损坏,使之无法测试;操作者对仪器使用不正确也可能会引起故障,如示波器旋钮挡位选择不当,造成显示波形异常甚至无波形。

② 电路中元器件引起的故障。如电阻、电容、三极管及集成器件等特性不良或损坏,这种原因引起的故障现象经常是电路有输入而无输出或输出异常。

③ 人为引起的故障。如操作者将连线接错或漏接、元器件参数选错、有极性器件的极性接反等,都有可能导致电路不能正常工作。

④ 电路接触不良引起的故障。如焊接点虚焊、插接点接触不牢靠、电位器滑动端接触不良、接地不良、引线断线等。这种原因引起的故障一般是间歇式或瞬时出现,或者突然停止工作。

⑤ 各种干扰引起的故障。所谓干扰,是指外界因素对电路有用信号产生的扰动。干扰源种类很多,常见的有以下几种:

a. 接地处理不当引入的故障。如接地线的电阻过大,电路各部分电流流过接地线会产生衰减,以致影响电路的正常工作。减小该干扰的有效措施是降低地线电阻,一般采用比较粗的铜线作接地线。制作电路时可以采用星形接地的方式来抑制噪声和干扰,方法是:将电路中所有接地的元器件都直接接在电源的地电位参考点上,称之为星形接地,而不是采用串联的方式进行接地点的连接。地电位参考点在正极性单电源供电电路中是电源的负极,在负极性单电源供电电路中是电源的正极,在正负双极性电源供电电路中是电源的两个正负极串接点。

b. 直流电源因滤波不佳而引入的干扰。各种电子设备一般由 50 Hz 交流电压经过整流、滤波及稳压得到直流电压源,因此直流电源中都会包含 50 Hz 或其倍频的纹波电压,如果纹波电压幅度过大,必然会给电路带来干扰。这种干扰是有规律的,要减小这种干扰,必须采用纹波电压幅值小的稳压电源或引入滤波网络。

c. 感应干扰。干扰源通过分布电容耦合到电路,形成电场耦合干扰;干扰源通过分布电感耦合到电路,形成磁场耦合干扰。电场耦合干扰、磁场耦合干扰均属于感应干扰,它们将导致电路产生寄生振荡。排除和避免这类干扰的方法,一是采取屏蔽措施,屏蔽壳要接地;二是引入补偿网络(阻容网络或单一的电容网络),抑制由于干扰引起的寄生振荡。

(2) 检查和排除故障的基本方法

在实际调试中,检查和排除故障的方法是多种多样的,一般情况下,寻找故障的常规做法如下:

a. 首先,采用直接观察的方式,排除明显的故障。

b. 其次,采用多用表或示波器检查电路的静态工作点。

c. 最后,可用信号跟踪的方式对电路做动态检查。对于复杂电路,可以先断开部分电路,对其中的局部电路采用信号跟踪的方式进行功能调试,成功后再将各局部电路连接起来进行调试。

下面具体介绍在检查和排除故障中常用的一些方法。需要注意的是,仅用某一种方法可能并不能解决有故障电路的所有问题,需要采用多种方法,互相补充、互相配合,最后才能找出故障点。

a. 直接观察法。直接观察包括通电前检查和通电后观察两个方面。通电前主要检查仪器的使用和选用是否正确,元器件引脚有无错接、反接、短接、漏接,PCB 板有无断线,等等。通电后主要观察直流稳压电源上的电流指示值是否超出电路正常值,元器件有无发烫、冒烟,电路中元器件是否有焦味,等等。这种方法简单、有效,可作为对电路初步检查之用。

b. 参数测试法。参数测试法是借助仪器发现问题,并通过理论分析找出故障原因。平时利用多用表检查电路的静态工作点就属于该测试方法的应用。当发现测量值与设计值相差很大时,就可针对问题进行分析,直至问题得到解决。

c. 信号跟踪法。在被调电路的输入端接入适当幅度和频率的信号,利用示波器,并按信号的流向从前级到后级逐级观察电压波形及幅值的变化情况,先确定故障是在哪一级,然后做进一步检查。

d. 对比法。怀疑某一电路存在问题时,可将此电路的参数、工作状态与之前相同的正常电路一一进行对比,从中分析故障原因,判断故障点。

e. 部件替换法。利用与故障电路同类型的电路部件、元器件或面包板来替换故障电路部分,从而缩小故障范围,以便快速、准确地找出故障点。

f. 补偿法。当有寄生振荡时,可用适当容量的电容在电路各个部位通过电容对地短路。如果电容接到某点,寄生振荡消失,表明振荡就产生在此点附近或前级电路中。需要注意的是,补偿电容不宜过大,通常只要能较好地消除有害信号即可。

g. 短路法。短路法是采用临时短接一部分电路来寻找故障的方法。当电路中有些导线损坏或由于焊接、插接原因导致接触不良造成断路,不妨将支路逐一短路进行测试,若该支路短路后,电路工作正常,就说明故障发生在该支路上。

h. 断路法。断路法和短路法类似,是采用临时断开一部分电路来寻找故障的方法。例如,当电路中某一支路短路,会造成输出电流过大,如果断开某一支路后电流恢复正常,说明该支路或后级电路中存在短路故障。

1.4　误差分析和数据处理

在实际工作中,当使用同一个方法对同一参数进行若干次测量,测量结果总不会完全一样,这说明在测量中有误差。为此,必须了解误差产生的原因及其表示方法,尽可能将误差减到最小，以提高测量结果的准确性。

1．真值、平均值与中位数

（1）真值

真值是指某物理量客观存在的确定值。通常一个物理量的真值是不知道的，是我们努力要求测到的。严格来讲，由于测量仪器、测量方法、环境、人的观察力、测量的程序等都不可能是完美无缺的，故真值是无法测得的，它是一个理想值。科学实验中真值的定义是：设在测量中观察的次数为无限多，则根据误差分布定律正负误差出现的概率相等，将各观察值相加，加以平均，在无系统误差的情况下，可能获得接近于真值的数值。

（2）平均值

对工程实验而言，因观察的次数是有限的，故用有限观察次数求出的平均值只能是近似真值，或称为最佳值。一般我们称这一最佳值为平均值。常用的平均值有下列几种：

① 算术平均值。

这种平均值最常用。凡测量值的分布服从正态分布时，用最小二乘法原理可以证明：在一组等精度测量（等精度测量为同一条件下的多次测量）中，算术平均值为最佳值或最可信赖值，即

$$\overline{x} = \frac{x_1 + x_2 + \cdots + x_n}{n} = \frac{\sum_{i=1}^{n} x_i}{n}$$

式中，$x_1, x_2, \cdots, x_n$ 为各次观测值；n 为观察的次数。

② 均方根平均值。其计算公式为

$$\overline{x}_{均} = \sqrt{\frac{x_1^2 + x_2^2 + \cdots + x_n^2}{n}} = \sqrt{\frac{\sum_{i=1}^{n} x_i^2}{n}}$$

③ 加权平均值。

设对同一物理量用不同方法去测定，或对同一物理量由不同人去测定，计算平均值时，常对比较可靠的数值予以加重平均，称为加权平均。

$$\overline{w} = \frac{w_1 x_1 + w_2 x_2 + \cdots + w_n x_n}{w_1 + w_2 + \cdots + w_n} = \frac{\sum_{i=1}^{n} w_i x_i}{\sum_{i=1}^{n} w_i}$$

式中，$x_1, x_2, \cdots, x_n$ 为各次测量值；$w_1, w_2, \cdots, w_n$ 为各测量值的对应权重。各观测值的权数一般凭经验确定。

④ 几何平均值。其计算公式为

$$\overline{x}_{几何} = \sqrt[n]{x_1 \cdot x_2 \cdot x_3 \cdot \cdots \cdot x_n}$$

以上介绍的各种平均值，目的是要从一组测定值中找出最接近真值的那个值。平均值的选择主要取决于一组观测值的分布类型，在电子实验技术中，数据分布较多属于正态分布，故通常采用算术平均值。

（3）中位数（x_M）

一组测量数据按大小顺序排列,若测定次数为奇数,中间一个数据即为中位数;若测定次数为偶数,中位数为中间相邻的两个数据的平均值。中位数的作用与算术平均值相近,也是作为所研究数据的代表值。在一个等差数列或一个正态分布数列中,中位数就等于算术平均值。在数列中出现了极端变量值的情况下,用中位数作为代表值要比用算术平均值更好,因为中位数不受极端变量值的影响;如果研究就是为了反映中间水平,当然也应该用中位数。在对统计数据进行处理和分析时,可结合使用中位数。

中位数的优点是能简便地说明一组测量数据的结果,不受两端具有过大误差的数据的影响;缺点是不能充分利用数据。

例 1-1　找出 23,29,20,32,23,21,33,25 这组数据的中位数。

解：　首先将该组数据进行排列（这里按从小到大的顺序）,得

$$20,21,23,23,25,29,32,33$$

因为该组数据一共由 8 个数据组成,即 n 为偶数,故按中位数的计算方法,得到中位数 $=\dfrac{23+25}{2}=24$,即第四个数和第五个数的平均数。

例 1-2　找出 10,20,20,30,20 这组数据的中位数。

解：　首先将该组数据进行排列（这里按从小到大的顺序）,得

$$10,20,20,20,30$$

因为该组数据一共由 5 个数据组成,即 n 为奇数,故按中位数的计算方法,得到中位数为 20,即第 3 个数。

2. 测量误差的定义

误差是指测量值与真值之间相符合的程度。测量误差有两种表示方法:绝对误差和相对误差。

（1）绝对误差 Δx

某物理量在一系列测量中,测量值与其真值之差称为绝对误差。被测量的真值虽然客观存在,但要确切地说出真值的大小却很困难。实际工作中常以最佳值代替真值,测量值与最佳值之差称为绝对误差,通常也称为剩余误差、残差,即

$$绝对误差（\Delta x）=测量值（x）-真值（x_0）$$

在一般测量工作中,只要按规定的要求,误差可以忽略不计,就可以认为该值接近于真值,并用它来代替真值。满足规定的准确度要求,用来代替真值使用的量值称为实际值。在实际测量中,常把高一等级的计量标准所测得的量值作为实际值。除了实际值外,还可以用已修正过的多次测量的算术平均值来代替真值使用。

绝对误差与测量值具有相同的量纲。绝对误差的大小和符号分别表示了测量值偏离真值的程度和方向。

（2）相对误差 r_x

绝对误差的表示方法往往不能确切地反映被测量的准确程度。例如,测量两个频率,

其中一个频率 f_1 为 1 000 Hz,其绝对误差 Δf_1 为 1 Hz;另一个频率 f_2 为 1 000 000 Hz,其绝对误差 Δf_2 为 10 Hz。尽管 Δf_2 大于 Δf_1,但并不能得出 f_1 的测量比 f_2 更准确的结论。与之相反,f_1 的测量误差相对于 f_1 而言为 0.1%,而 f_2 的测量误差相对于 f_2 仅为 0.001%。

为了比较不同测量值的准确程度,以绝对误差与真值之比作为相对误差,即

$$r_x = \frac{x - x_0}{x_0}$$

式中,x 是被测量的测量值,x_0 是被测量的真值。

由于真值难以获得,实际中表达式的真值用被测量的平均值代替。相对误差只是一个只有大小和符号,而没有量纲的量。

绝对误差相同,相对误差可能相差很大。有时一个仪器的准确程度,可以用误差的绝对形式和相对形式共同表示。例如,某数字多用表的直流电压挡,误差为 ±(0.5%×读数+3×量程分辨力),即电压的绝对误差由两部分组成,第一部分为测量直流电压读数的 0.5%,这是误差中的相对部分;第二部分为 3 倍于该量程的最小分辨力,当量程为 4.000 V 时,量程分辨力为 0.001 V,第二部分的值为 0.003 V,与测量读数无关,可以看成是误差中的绝对部分。显然,当被测电压较小时,误差的绝对部分起主要作用;当被测电压较大时,误差的相对部分起主要作用。

3. 测量误差的分类

我们进行测量是为了获取准确的参数结果,然而即使我们用最可靠的测量方法、最精密的仪器,熟练细致地操作,所测得的数据也不可能和真值完全一致。这说明误差是客观存在的。但是如果我们掌握了产生误差的基本规律,就可以将误差减小到允许的范围内。为此必须了解误差的种类、产生的性质和原因及减小的方法。

根据误差产生的原因和性质,我们将误差分为系统误差、随机误差和粗大误差。

(1) 系统误差

系统误差又被称为可测误差。它是由测量方法、过程中的某些原因造成的。在进行重复测量时,它会重复表现出来,对测量结果的影响比较固定。这种误差可以设法减小到可忽略的程度。

在电子测量中,将系统误差产生的原因归纳为以下几个方面。

① 仪器误差。

这种误差是由于使用仪器本身不够精密所造成的。例如,使用未经过校正的电阻、电容等。

② 方法误差。

这种误差是由于测量方法本身造成的。例如,用电压表和电流表测量电阻 R_2 两端的电压和流过 R_2 的电流时的测量方法误差。在图 1.4.1(a)中,电流表测得的电流,除了电阻中的电流外,还包括了电压表中的电流;在图 1.4.1(b)中,电压表中测得的电压,除了电阻上的电压外,还包括了电流表上的电压。在图 1.4.1(a)中,当电压表的内阻远大于电阻

R_2，或在图 1.4.1(b)中，当电流表的内阻远小于电阻 R_2 时，才能减小或忽略测量中的方法误差。

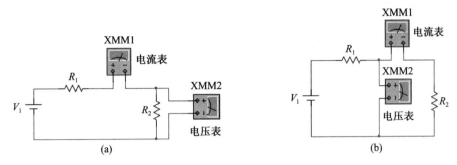

图 1.4.1　测量电阻时的方法误差

③ 操作误差。

操作误差也被称为人为误差，这种误差是由于仪器操作者对测量过程不熟练，个人观察器官不敏锐和固有的习惯所致。比如用耳机来判断交流电桥的平衡时，由于人耳灵敏程度的限制，可能在电桥还没有完全平衡时，就误认为电桥已经平衡了，从而造成误差。

（2）随机误差

随机误差又称偶然误差，是指测量值受各种因素的随机波动而引起的误差。例如，测量时的环境温度、湿度和气压的微小波动，仪器性能的微小变化，等等，都会使测量结果在一定范围内波动。

随机误差的形成取决于测量过程中一系列随机因素，其大小和方向都是不固定的。因此，对于某一次的测量结果而言，随机误差无法消除，也不可能修正，所以随机误差又称不可测误差，它是客观存在的，是不可避免的。但随机误差在测量次数足够多的情况下，总体上服从统计分布的规律。

随机误差变化的特点是：

• 有界性：随机误差的绝对值实际上不会超过一定的界限。

• 对称性：绝对值相等的正负误差出现的机会相等。

• 抵偿性：随机误差的算术平均值随着测量次数的无限增加而趋近于零，说明多次测量中，随机误差有互相抵消的特性。

根据数理统计的有关原理和大量测量实践表明，很多测量结果的随机误差的分布形式接近于正态分布。

在数理统计中常用偏差来衡量随机误差的大小。

① 算术平均偏差。

由于随机误差的大小有正有负，所以使用被测量的误差绝对值求平均来获得算术平均偏差，其数学表达式为

$$\overline{v} = \frac{\sum |v_i|}{n}$$

式中，v_i 为等精度测量中第 i 次测量的绝对误差，n 为一组等精度测量的测量次数。

② 总体标准偏差。

总体标准偏差是用来表达测量数据的分散程度，其数学表达式为

$$\sigma(x) = \sqrt{\frac{\sum_{i=1}^{n}(x_i - x_0)^2}{n}}$$

式中，x_i 为一组等精度测量中被测量的第 i 次测量值，x_0 为被测量的真值，n 为一组等精度测量的测量次数。

③ 标准偏差的估计值。

由于一般测量次数有限，被测量的真值 x_0 无法得到，只能用算术平均值 $\overline{x}$ 代替真值。计算标准偏差的估计值来表达测量数据的分散程度，其数学表达式为

$$\hat{\sigma}(x) = \sqrt{\frac{\sum_{i=1}^{n}(x_i - \overline{x})^2}{n-1}}$$

该公式称为贝塞尔(Bessel)公式，上式中 $(n-1)$ 在统计学中被称为自由度。$\hat{\sigma}(x)$ 又被记为 S。

④ 标准偏差估计值的简化计算。

按上述公式计算，先求出平均值，再求出 $x_i - \overline{x}$，然后计算出 $\hat{\sigma}(x)$ 值，这样比较麻烦，可以通过数学推导，简化为下列等效公式：

$$\hat{\sigma}(x) = \sqrt{\frac{\sum_{i=1}^{n}x_i^2 - \frac{\left(\sum_{i=1}^{n}x_i\right)^2}{n}}{n-1}}$$

利用这个公式，可直接从测定值来计算 $\hat{\sigma}(x)$ 值，而且很多计算器上都有 $\sum_{i=1}^{n}x$ 及 $\sum_{i=1}^{n}x^2$ 功能，所以计算 $\hat{\sigma}(x)$ 值还是十分方便的。

例如，现有两组测量结果，各次测量的偏差分别为

第一组　0.3　0.2　　0.4　 −0.2　 −0.4　　0.0　0.1　 −0.3　　0.2　 −0.3

第二组　0.0　0.1　 −0.7　　0.2　　0.1　 −0.2　0.6　　0.1　 −0.3　　0.1

两组的算术平均偏差分别为

第一组
$$\overline{v_1} = \frac{\sum_{i=1}^{n}|v_i|}{n} = 0.24$$

第二组
$$\overline{v_2} = \frac{\sum_{i=1}^{n}|v_i|}{n} = 0.24$$

从两组的算术平均偏差的数据看，都等于 0.24，说明两组的算术平均偏差相同。但可

以很明显地看出第二组的数据较分散,其中有 2 个数据即 -0.7 和 0.6 偏差较大。用算术平均值显示不出这两个差异,但用标准偏差表示时,就明显看出第二组数据偏差较大。各次的标准偏差分别为

第一组　　　　　　　　$\hat{\sigma}_1 = \sqrt{\dfrac{\sum\limits_{i=1}^{n}(x_i - \overline{x})^2}{n-1}} = 0.28$

第二组　　　　　　　　$\hat{\sigma}_2 = \sqrt{\dfrac{\sum\limits_{i=1}^{n}(x_i - \overline{x})^2}{n-1}} = 0.34$

由此说明第一组的数据更加集中一些。

（3）粗大误差

除以上两类误差外,还有一种误差被称为粗大误差(又被称为过失误差)。在一定的测量条件下,粗大误差明显地偏离了真值,它主要是由于操作不正确、粗心大意而造成的。有粗大误差的数据在找到误差原因之后应弃去不用。绝不允许把粗大误差当作随机误差,只要工作认真、操作正确,粗大误差是完全可以避免的。

4. 测量误差对测量结果的影响及处理方法

系统误差反映了测量结果偏离真值(或实际值)的程度。在误差理论中,一般用正确度来表征系统误差的大小。系统误差越小,正确度越高。

随机误差反映了测量结果的离散性。在误差理论中,通常用精密度来表征随机误差的大小。随机误差越小,精密度越高。

一般来说,任何一次测量误差都是由系统误差和随机误差共同造成的。当这两者都很小时,表面测量既精密又正确,通常我们用准确度来表示测量结果的系统误差和随机误差两者总的大小。

图 1.4.2 给出了一个射击场上的枪靶与射击位置对应于测量结果和准确度关系的形象的比方。图 1.4.2(a)表明射击的精密度较高,但正确度不高;图 1.4.2(b)表明射击的正确度较高,但精密度不高;图 1.4.2(c)表明射击的精密度较高,正确度也较高,即准确度高;图 1.4.2(d)表明射击的精密度和正确度都不高。

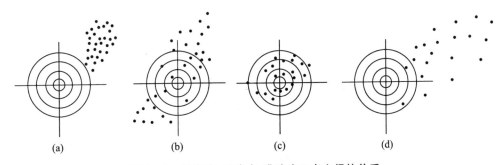

(a)　　　　　　(b)　　　　　　(c)　　　　　　(d)

图 1.4.2　精密度、正确度、准确度三者之间的关系

因为系统误差、随机误差、粗大误差的性质和特点不同,因此对它们的处理方法也不

同。对系统误差,主要依靠在测量中采取一定技术措施或者对测量结果进行必要的修正来减小或消除它的影响;对随机误差,采用数理统计的方法处理,减小它对测量结果的影响;对含有粗大误差的测量数据,要予以剔除。

(1) 含有随机误差的数据处理方法

由于随机误差的存在,测量值一般都偏离被测量的数学期望 $E(x)$(包含有系统误差的被测量的实际值),而且偏离的大小和方向完全是随机的,但我们还是希望知道测量的可信程度如何,也就是希望知道测量结果在数学期望附近的某一确定范围内的可能性有多大。这个确定范围通常用标准偏差的若干倍(c 倍)来表示,$[E(x)-c\sigma(x), E(x)+c\sigma(x)]$ 被称为置信区间,而测量值落在这个区间的概率被称为置信概率,用 P 表示。

由于测量数据大多接近正态分布,根据置信区间,就可以根据表 1.4.1(a)查得相应的置信概率;根据置信概率,可以根据表 1.4.1(b)查得相应的置信区间。

表 1.4.1　正态分布在对称区间的积分表

(a)

c	P	c	P	c	P	c	P
0.00	0.000 000	1.00	0.682 689	2.00	0.954 500	3.0	0.997 300
0.05	0.039 878	1.05	0.706 282	2.05	0.959 639	3.5	0.999 535
0.10	0.079 656	1.10	0.728 628	2.10	0.964 271	4.0	(4)9 366 576
0.15	0.119 235	1.15	0.749 856	2.15	0.968 445	4.5	(4)9 932 047
0.20	0.158 519	1.20	0.769 861	2.20	0.972 193	5.0	(6)9 426 697
0.25	0.197 413	1.25	0.788 700	2.25	0.975 551	5.5	(6)9 962 021
0.30	0.235 823	1.30	0.806 399	2.30	0.978 552	6.0	(8)9 802 683
0.35	0.273 661	1.35	0.822 984	2.35	0.981 227	6.5	(8)9 984 462
0.40	0.310 843	1.40	0.838 487	2.40	0.983 605	7.0	(10)9 97 440
0.45	0.347 290	1.45	0.852 941	2.45	0.985 714	7.5	(10)9 99 936
0.50	0.382 925	1.50	0.866 386	2.50	0.987 581	8.0	(10)9 99 999
0.55	0.417 681	1.55	0.878 858	2.55	0.989 228		
0.60	0.451 494	1.60	0.890 401	2.60	0.990 678		
0.65	0.484 308	1.65	0.901 057	2.65	0.991 951		
0.70	0.516 073	1.70	0.910 869	2.70	0.993 066		
0.75	0.546 745	1.75	0.919 882	2.75	0.994 040		
0.80	0.576 289	1.80	0.928 319	2.80	0.994 890		
0.85	0.604 675	1.85	0.935 686	2.85	0.995 628		
0.90	0.631 880	1.90	0.942 569	2.90	0.996 268		
0.95	0.657 888	1.95	0.948 824	2.95	0.996 822		

注:$(n)9$ 表示小数点后面先写 n 个9,再写后面的数字。

(b)

P	c	P	c	P	c
0.50	0.674 5	0.90	1.645	0.99	2.576
0.70	1.036	0.95	1.960	0.995	2.807
0.80	1.282	0.98	2.326	0.999	3.291

实际测量时,由于测量次数是有限的,测量数据不再服从正态分布,而服从 t 分布。t 分布不仅与测量数据有关,而且与测量次数 n 有关,当 $n \to \infty$ 时,t 分布与正态分布完全相同。

由于有限次测量不能知道数学期望及总体标准偏差的确切数值,因此通常讨论数学期望处于随机变动的置信区间 $\left[\overline{x} - t_a\hat{\sigma}(\overline{x}),\ \overline{x} + t_a\hat{\sigma}(\overline{x})\right]$ 内的置信概率,其中 $\hat{\sigma}(\overline{x}) = \dfrac{\hat{\sigma}(x)}{\sqrt{n}}$ 为算术平均值的标准偏差,$\hat{\sigma}(x)$ 为标准偏差的估计值。表 1.4.2 给出了 t_a 与置信概率和测量次数的关系。

表 1.4.2　t_a 分布积分表

n	P								
	0.5	0.6	0.7	0.8	0.9	0.95	0.98	0.99	0.999
1	1.000	1.376	1.963	3.078	6.314	12.71	31.82	63.66	636.6
2	0.816	1.061	1.386	1.886	2.920	4.303	6.965	9.925	31.60
3	0.765	0.978	1.250	1.638	2.353	3.182	4.541	5.841	12.92
4	0.741	0.941	1.190	1.553	2.132	2.776	3.747	4.604	8.610
5	0.727	0.920	1.156	1.476	2.015	2.571	3.365	4.432	6.859
6	0.718	0.906	1.134	1.440	1.943	2.447	3.143	3.707	5.959
7	0.711	0.896	1.119	1.415	1.895	2.356	2.998	3.499	5.405
8	0.706	0.889	1.108	1.397	1.860	2.306	2.896	3.355	5.041
9	0.703	0.883	1.100	1.383	1.833	2.262	2.821	3.250	4.781
10	0.700	0.879	1.093	1.372	1.812	2.228	2.764	3.169	4.587
15	0.691	0.866	1.074	1.341	1.753	2.131	2.602	2.947	4.073
20	0.687	0.860	1.064	1.325	1.725	2.086	2.528	2.845	3.850
25	0.684	0.856	1.058	1.316	1.708	2.060	2.485	2.787	3.725
30	0.683	0.854	1.055	1.310	1.697	2.042	2.457	2.750	3.646
40	0.681	0.851	1.050	1.303	1.684	2.021	2.423	2.704	3.551
60	0.679	0.848	1.046	1.296	1.671	2.000	2.390	2.660	3.460
120	0.677	0.845	1.041	1.289	1.658	1.980	2.358	2.617	3.373
∞	0.674	0.842	1.036	1.282	1.645	1.960	2.326	2.576	3.291

注:表格中的 P 表示置信概率,n 为测量次数,内容为 t_a 的值。

（2）含有粗大误差的数据处理方法

测量数据由于随机误差的影响会具有一定的分散性，在无系统误差的情况下，测量数据分布在被测量真值附近，在正态分布情况下，测量误差绝对值超出 3σ 的概率仅为 0.27%，可见出现大误差的概率是非常小的。因此，当测量结果出现较大误差时，可以被列为可疑数据。可疑数据对于测量值的平均值及标准偏差估计值都有较大影响，特别是标准偏差估计值受可疑数据的影响更大。要区分可疑数据是由于测量中的随机误差还是由于粗大误差造成的，首先要通过多次测量或通过对测量条件的分析，最好能根据观察分析得到的物理原因或技术上的原因决定可疑数据的取舍。当这样做有困难时，就常根据统计学的方法来处理可疑数据。

用统计学方法处理可疑数据的基本思想是：给定一个置信概率，找出相应的置信区间，凡在该区间以外的数据被认为是异常数据，应予以剔除。在实际测量中，常用算术平均值代替真值，用标准偏差的估计值 $\hat{\sigma}(x)$ 代替总体标准偏差，测量值 x_i 满足 $|x_i-\overline{x}|>k\hat{\sigma}(x)$ 时，就将数据 x_i 剔除不用。

判别粗大误差的方法很多，不同判别方法的处理过程相似，唯一的区别是 $\sigma(x)$ 的倍数 k 不同。这里给出常用的两种判别准则：莱特准则和格拉布斯准则。

① 莱特准则。

在测量数据为正态分布的情况下，如果测量次数足够多，习惯上取 $3\sigma(x)$ 作为判别异常数据的界限，称为莱特准则，它适用于测量数据服从正态分布，且样本容量（测量次数）大于 10 次的情况。

莱特准则中的 $3\sigma(x)$ 对应着正态分布下 99% 的置信概率，而在实际使用时需要根据具体情况确定剔除异常数据的置信区间。例如，某些测试与控制过程能允许离散性较大的可疑数据存在，但一旦检出异常数据，就需要采取停机检查等较复杂的措施，因而要尽量避免把正常数据当异常数据，这时置信区间可以取大些；反之，对于常见的测量数据处理，离散性较大的可疑数据对所求结果影响较大，把它们剔除后一般又不产生严重影响，这时置信区间就不宜取得过大。通常取 $2\sigma(x)$ 作为判别异常数据的置信区间，这时数据的分布形状可以是已知的，也可以是未知的，可以是正态分布，也可以是非正态分布；数据的样本容量可以较大，也可以不太大。

② 格拉布斯准则。

当测量次数较少时，莱特准则不大可靠，宜采用格拉布斯准则。格拉布斯准则不像莱特准则那样取固定的 $3\sigma(x)$ 或 $2\sigma(x)$，而是根据测量次数的多少及置信概率的要求选取合适的格拉布斯系数，确定合理的测量数据的置信区间。格拉布斯系数 k_g 见表 1.4.3。

表 1.4.3　格拉布斯系数 k_g

n	P		n	P		n	P	
	95%	99%		95%	99%		95%	99%
3	1.15	1.16	13	2.33	2.61	23	2.62	2.96
4	1.46	1.49	14	2.37	2.66	24	2.64	2.99
5	1.67	1.75	15	2.42	2.71	25	2.66	3.01
6	1.82	1.94	16	2.44	2.75	30	2.74	3.10
7	1.94	2.10	17	2.47	2.79	35	2.81	3.18
8	2.03	2.22	18	2.50	2.82	40	2.87	3.24
9	2.11	2.32	19	2.53	2.85	50	2.96	3.34
10	2.18	2.41	20	2.56	2.88	100	3.17	3.59
11	2.23	2.48	21	2.58	2.91			
12	2.29	2.55	22	2.60	2.94			

注：表格中的 P 表示置信概率，n 为测量次数，内容为 k_g 的值。

（3）含有系统误差的数据处理方法

系统误差是指在相同条件下多次测量同一量时，误差的绝对值和符号保持恒定或在条件改变时按某种确定规律而变化的误差。

① 系统误差的种类。

常见的系统误差有恒值系差、累进性系差、周期性系差等。通过观察测量数据的方法，常能直接发现系统误差的规律。如图 1.4.3 所示，在测量中固定其他测量条件不变，而使某一测量条件 θ 有规律地变化，记录测量值 x_i，并求出它们的平均值 $\overline{x}$ 及各次测量的绝对误差：

$$v_i = x_i - \overline{x}$$

观察残差的变化规律，就可以了解系统误差随测量条件 θ 的变化。

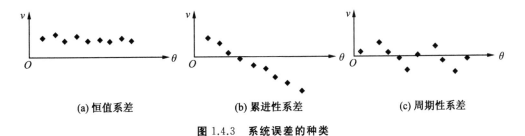

(a) 恒值系差　　　　(b) 累进性系差　　　　(c) 周期性系差

图 1.4.3　系统误差的种类

② 恒值系差的判定。

恒值系差，顾名思义就是系统误差的值是一个固定值，如图 1.4.3(a) 所示。恒值系差的判定比较容易，采用的方法是：在同样的测量条件下对被测量进行若干次等精度测量，每次等精度测量得到一组测量数据，根据这组数据再排除粗大误差之后计算该次等精度测量的算术平均值,如果每次等精度测量的算术平均值非常接近,这说明测量中不存在变值系差。

③ 累进性系差的判定。

累进性系差是一种变值系差,从图 1.4.3 中可以看出,虽然由于随机误差的影响绝对误差有一些无规律的波动,但 1.4.3(b)图中的绝对误差基本上向一个固定方向变化。

常用的判别累进性系差的方法是马利科夫判据。

在一组等精度测量中包含 n 个测量数据,测量值分别为 $x_1,x_2,\cdots,x_n$,相应的绝对误差分别为 $v_1,v_2,\cdots,v_n$。若测量次数 n 为偶数,令 $k=\dfrac{n}{2}$,则

$$M=\sum_{i=1}^{k}v_i-\sum_{i=k+1}^{n}v_i$$

若测量次数 n 为奇数,令 $k=\dfrac{n+1}{2}$,则

$$M=\sum_{i=1}^{k}v_i-\sum_{i=k}^{n}v_i$$

若 M 显著地异于零,则表明测量中有累进性系差。通常认为 M 的绝对值大于最大绝对误差的绝对值时,表明存在累进性系差。

④ 周期性系差的判定。

周期性系差也是一种变值系差,图 1.4.3(c)中绝对误差的符号做有规律的交替变化,说明测量中存在着周期性系差。

常用的判别周期性系差的方法是阿卑-赫梅特判据。

在一组等精度测量中包含 n 个测量数据,测量值分别为 $x_1,x_2,\cdots,x_n$,相应的绝对误差为 $v_1,v_2,\cdots,v_n$。令 $A_b=\sum_{i=1}^{n-1}v_iv_{i+1}$,若 $|A_b|>\sqrt{n-1}\sigma^2$,则认为测量中含有周期性系差。

存在变值系差的测量数据原则上应舍弃不用。在某些情况下,测量虽然存在变值系差,剩余误差的最大值明显小于测量允许的误差范围或仪器规定的系差范围,则测量数据可以考虑使用,继续测量时则要密切注意变值系差的情况。

要削弱测量中的系统误差,可以采取以下措施:
- 定期检验和校准测量仪器,注意仪器的使用条件和使用方法。
- 要注意周围环境对测量的影响。
- 提高测量人员的工作责任心和业务水平,尽量避免测量人员造成的误差,同时还应不断改进测量仪器设备。

5. 测量结果的表示方法

(1) 有效数字表示法

① 准确数与近似数。

有些数是准确的,不存在误差,称为准确数。例如,1,2,3,…都是准确数。但人们在

分析测定工作中经常会遇到近似数。例如,在测量时,读取的数据是近似数,而不是准确数。读取数据的准确程度应与测试时所用的仪器和测试方法的精度一致。

② 有效数字及修约规则。

测量数据时只保留 1 位不准确数字,其余数字都是准确数字,称为有效数字。所以有效数字是指测量中得到的有实际意义的数字,该数据除了最末 1 位数字为估计值外,其余数字都是准确的。因此,有效数字的位数取决于测量仪器、工具和方法的精度。

"0"在数据首位不算有效数字位数,在数据中间及末尾可作为有效数字位数计算。

关于有效数字及位数,做以下几点说明:

• 有效数字首位数≥8 时,可多计算 1 位有效数字。例如,0.098 V 可看成 3 位有效数字。

• 单位换算时要注意有效数字的位数,不能改变。例如,1.37 V≠1 370 mV,应为 1.37×10^3 mV。

③ 有效数字修约和运算。

有效数字修约采用"4 舍 6 入 5 取舍"的修约规则,即有效数字后面第一位若小于或等于 4,则舍去;若大于或等于 6,应进位;若等于 5,看 5 后面的数,该数为奇数时,5 进位,该数为偶数时,5 舍去。

有效数字的运算可分为如下几种情况。

• 加减法。几个数相加减得到的和与差的有效数字位数,应以几个数中小数点后位数最少的那个数的位数为准。例如,0.015 4,34.37,4.327 51 三个数相加,应该以 34.37 为准,最后得到 38.712 91,修约成 38.71。

• 乘除法。几个数相乘除得到的积与商的有效数字位数,应以几个数中有效数字位数最少的那个数的位数为准。例如,0.012 1,25.64,1.057 82 三个数相乘得到的积应该以 0.012 1 的位数为准,即取 3 位有效数字,结果为 0.328。

• 对数运算。所得到的对数的小数部分(尾数)的位数应该和真数位数相同,而其整数部分(首数)只起定位作用。例如,lg 143.7=2.157 5,因为 143.7 为 4 位有效数字,所以对数的尾数(小数部分)也取 4 位,为 1 575,而整数 2 仅仅是定位作用,不影响有效数字位数。

• 乘方与开方运算。得到结果的有效数字位数应该和原来数据的有效数字的位数相同。例如,$189^2 = 357 \times 10^2$,0.049 的开方结果为 0.22。

④ 有效数字运算过程中的注意点。

在有效数字的运算过程中应注意如下几点:

• 参加计算的准确数,如 2 倍中的 2 是一个准确数,可视为无穷多位的有效数字,不决定计算结果的有效数字的位数。

• 参加计算的常数,如圆周率 π,所取的有效数字的位数应该由其他测定值的位数决定,即取相同位数。

• 多步骤运算,每步可多保留 1 位有效数字参加运算,而不要修约,直至得到最后结果再按规定修约,不允许连续累计修约,这样会增加误差。

（2）测量结果的作图法表示

测量结果除直接用数据表示之外,还可以用各种曲线表示,特别是在表示两个或两个以上物理量之间的关系时,用曲线更能一目了然,因此,根据测量数据画出曲线是应当掌握的重要内容。

作图前,为了避免差错,应将一组测量数据(或经过整理换算的数据)列表备查。

在作图时,根据需要可采用直角坐标、极坐标或其他形式的坐标,坐标轴可采用线性刻度或对数刻度等。

一般把自变量作为横坐标。根据实际情况,坐标不一定从零点开始。数据点可用空心圆、实心圆、三角形、十字形、正方形等做标记,标记的中心与测量数据点相重合。

粗略作图时,可以使数据点大体沿所作曲线两侧均匀分布,测量数据点的疏密程度应根据曲线的具体形状而定,使各点沿曲线均匀分布,而沿横坐标轴 x(或沿纵坐标轴 y)的分布侧则不一定是均匀的。在曲线急剧变化的地方,测量点应适当选得密一些。

当自变量值取值范围很宽,如变化几个数量级时,一般可以用对数坐标作图。如放大电路的幅频特性,其频率坐标就取对数坐标。如果在很宽的范围内放大电路的幅频特性都非常平直,还可以采用断裂线进一步缩小图幅。

（3）测量结果的函数表示

实际上自然科学中很多量之间并没有严格的函数关系,而只是存在一种不完全确定的相关关系。例如,电池电压随时间的改变,晶体三极管的电流放大倍数随温度的变化,等等,这种相关关系并不能从理论上用一个严格的函数关系式限定,但又确实存在一定的关联。人们可以通过实测的方法在不同的 x 值测出相应的 y 值,然后根据测得的数据画出 y 与 x 之间的关系曲线。回归分析就是处理变量之间的相关关系的数学工具,这里只介绍一元线性回归方程的求法。

（4）回归方程的建立

如果对应每个 x_j 测足够多个 y_j,并求出当 $x=x_j$ 时它的数学期望 $E(y_j)$,则消除了随机误差的影响。选取不同的 x_j,求出对应的 $E(y_j)$,用 x_j 和 $E(y_j)$ 的关系画出的曲线称为 y 对 x 的回归曲线,描述该曲线的方程叫作回归方程。当对应每个 x_j 只测一次或有限次 y_j 的情况下,随机误差不可避免,这时运用最小二乘法原理来估计回归方程的参数,即代入所估计的参数后,回归方程应使得剩余误差的平方加权和最小,在等精度测量中应使剩余误差的平方和最小。

根据一组测量数据求回归方程的具体做法主要包括两个方面:

• 确定数学表达式即回归方程的类型。

• 确定回归方程中的参数及常数项 a,b 等的数值。

回归方程的类型通常要根据专业知识来选择,本书中仅就一元线性回归分析加以介绍。

在等精度测量中,假定实测中得到一组数据 $x_1,x_2,x_3,\cdots$,代入回归方程,求出 y 值

（这时 y 值中包含了待估计参数 a，b 等），然后求它与实测 y_1，y_2，y_3，…之差的平方和，并令平方和最小，即可求出待估计的参数。处理步骤如下：

$$y = a + bx$$

$$\overline{x} = \frac{1}{n}\sum_{i=1}^{n}x_i$$

$$\overline{y} = \frac{1}{n}\sum_{i=1}^{n}y_i \tag{1-1}$$

$$b = \frac{\sum\limits_{i=1}^{n}(x_i - \overline{x})(y_i - \overline{y})}{\sum\limits_{i=1}^{n}(x_i - \overline{x})^2}$$

$$a = \overline{y} - b\,\overline{x}$$

式中，x_i，y_i 为单次测定值。

所建立的回归方程是否可信可以通过相关系数 r 的计算来检验：

$$r = b\sqrt{\frac{\sum\limits_{i=1}^{n}(x_i - \overline{x})^2}{\sum\limits_{i=1}^{n}(y_i - \overline{y})^2}} = \frac{\sum\limits_{i=1}^{n}(x_i - \overline{x})(y_i - \overline{y})}{\sqrt{\sum\limits_{i=1}^{n}(x_i - \overline{x})^2(y_i - \overline{y})^2}} = \frac{\overline{xy} - \overline{x}\,\overline{y}}{\sqrt{(\overline{x^2} - \overline{x}^2)(\overline{y^2} - \overline{y}^2)}}$$

r 值越接近 1，回归方程越可信。

例 1-3　某实测数据如下表所示：

A	0.28	0.56	0.84	1.12	2.24
C	3.0	5.5	8.2	11.0	21.5

试确定 A 和 C 之间的线性关系方程。

解：设 A 为自变量 x，C 为因变量 y，有

$$\overline{x} = 1.008，\overline{y} = 9.84$$

$$b = \frac{\sum\limits_{i=1}^{n}(x_i - \overline{x})(y_i - \overline{y})}{\sum\limits_{i=1}^{n}(x_i - \overline{x})^2} = \frac{21.70}{2.29} = 9.48$$

$$a = \overline{y} - b\,\overline{x} = 9.84 - 9.48 \times 1.008 = 0.28$$

所以　　　　　　　　　　$$C = 0.28 + 9.48A$$

相关系数 r 为

$$r = b\sqrt{\frac{\sum\limits_{i=1}^{n}(x_i - \overline{x})^2}{\sum\limits_{i=1}^{n}(y_i - \overline{y})^2}} = 9.48 \times \sqrt{\frac{2.29}{205.61}} = 1.000$$

由此可见拟合的线性方程很好。

对于某些非线性关系,也常常可以通过一些变换,转化为线性关系来计算,这样就可以直接利用式(1-1)求线性关系中的参数 a,b,然后经过反变换,找出非线性关系的表达式。例如,有指数曲线

$$u = \alpha t^{\beta}$$

两边同时取对数,得

$$\ln u = \ln \alpha + \beta \ln t$$

令 $y = \ln u$,$x = \ln t$,$b = \beta$,$a = \ln \alpha$,则非线性函数 $u = \alpha t^{\beta}$ 变换成了线性函数 $y = a + bx$。

1.5 实验报告的撰写

实验报告是实验结果的总结和反映,也是对实验课的回顾与总结。撰写实验报告,可使知识条理化,可以培养学生综合分析问题的能力。一个实验的价值在很大程度上取决于报告质量的高低,因此对实验报告的撰写必须予以充分的重视。

实验报告主要包括以下几个方面。

① 实验名称。

要用最简练的语言反映实验的内容。

② 学生姓名、学号及合作者。

③ 实验日期(年、月、日)和地点。

④ 实验目的。

实验目的要明确,在理论上验证定理、公式、算法,并能使实验者深刻地理解,在实践中,掌握使用实验设备的技能技巧和程序的调试方法。一般需说明是验证型实验还是设计型实验,是创新型实验还是综合型实验。

⑤ 实验设备(环境)及要求。

在实验中需要用到的实验仪器及对环境的要求。

⑥ 实验原理。

在此阐述实验相关的主要原理。

⑦ 实验内容。

这是实验报告构成中极其重要的部分。要抓住重点,可以从理论和实践两个方面考虑。这部分要写明依据,如运用了何种原理、定律、算法、操作方法。

⑧ 实验步骤。

只写主要操作步骤,不要照抄实习指导,实验步骤要简明扼要。可以画出实验流程图,再配以相应的文字说明,这样既可以节省许多文字说明,又能使实验报告简明扼要。

⑨ 实验结果。

实验结果包括对实验现象的描述和对实验数据的处理等。原始资料应附在本次实验主要操作者的实验报告上,同组的合作者要复制原始资料。

对于实验结果的表述,一般有三种方法:

• 文字叙述。根据实验目的将原始资料系统化、条理化,用准确的专业术语客观地描述实验现象和结果,要有时间顺序,注明各项指标在时间上的关系。

• 图表。用表格或坐标图的方式使实验结果突出、清晰,便于相互比较,尤其适用于分组较多,且各组观察指标一致的实验,使组间异同一目了然。每一图表应有标题和计量单位。

• 曲线图。应用记录仪器描记出曲线图,这些指标的变化趋势应形象生动、直观明了。

在实验报告中,可任选其中一种或几种方法并用,以获得最佳效果。

⑩ 结论。

根据相关的理论知识对所得到的实验结果进行解释和分析。如果所得到的实验结果和预期的结果一致,那么它可以验证理论,说明实验结果具有的意义,这些是实验报告应该讨论的。但是,不能用已知的理论或生活经验硬套在实验结果上,更不能由于所得到的实验结果与预期的结果或理论不符而随意取舍甚至修改实验结果,这时应该分析导致数据异常的可能原因。如果本次实验失败了,应找出失败的原因及以后实验应注意的事项。不要简单地复述课本上的理论,要有自己主动思考的内容。

另外,也可以写一些本次实验的心得,提出一些问题或建议,等等。

第 2 章

常用电子元器件

电子元件和电子器件统称为电子元器件。电子元器件按照一定的规律组合成硬件电路。常用的电子元器件种类繁多,功能、性能不一。在设计电路前,同学们需要充分认识各元器件的基本特性、主要参数、特点与检测方法,这样才能科学合理地选用元器件。在设计电路时,应根据应用需求选用恰当的元器件,否则将直接影响电路的性能、可靠性与成本。

2.1 无源元件

无源元件(被动元件)是指在生产加工的过程中不改变材料的分子结构的情况下制成的元件,其本身不产生电子,在没有外加能源(一般为电源)的条件下就能表现出自身的特性。无源元件在工作时,或消耗能量(一般为电能),或将电能转化为其他形式的能量。它被广泛地应用在电路之中。

本节将对电阻、可变电阻、电容、电感、变压器等无源元件的参数、种类和应用做一个介绍。

2.1.1 定值电阻

电阻(Resistance)作为物理量,用于表示导体对电流的阻碍作用的大小,国际单位为欧姆(Ω)。导体的电阻越大,表示其对电流的阻碍作用越大。利用这种作用制成的电子元件称为电阻器,简称电阻。电阻是一种无源元件,从能量的角度看,电阻工作时在阻碍电流的同时将电能转化为热能。

在某一电阻的两端加上直流电压,通过欧姆定律,可计算出流经电阻的电流为

$$I = \frac{U}{R}$$

式中,R 表示电阻的电阻,单位为欧姆(Ω);U 为电阻两端的电压,单位为伏特(V);I 是电阻上流经的电流,单位为安培(A)。

将欧姆定律代入功率计算公式,可以得到电阻上耗散的热功率为

$$P = UI = \frac{U^2}{R} = I^2 R$$

式中,P 为耗散功率,单位为瓦特(W)。

定值电阻即电阻值相对固定的电阻,这一类电阻的使用最为广泛。它在电路中用字母"R"表示,电路符号如图 2.1.1 所示,其中,图 2.1.1(a)为国标电阻器符号,2.1.1(b)为美标电阻器符号,两种电阻符号有着显著的差别。

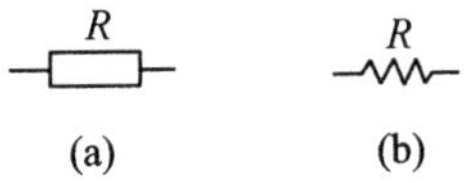

图 2.1.1　电阻器符号

1. 标称值与精度

为了更高效地生产和使用电阻、电容、电感等标准元件,国际电工委员会(IEC)在 1952 年规定标称值

$$a_n = (\sqrt[E]{10})^n, n = 0, 1, 2, \cdots, E-1$$

作为系列化规格的元件参数。

标准化元件的主要参数一般按照 E6,E12,E24,E48,E96,E116,E192 系列规范分度。例如,E6 系列有 6 个规范化的标称值,将 $E=6$ 代入上式并保留一位小数,求得这 6 个标称值为 1.0,1.5,2.2,3.3,4.7,6.8。将标称值乘以 10 的幂,即 1.0×10^n,n 为整数,即可得到实际元件的标称参数.

E24 系列的 24 个标称值包含 E12 和 E6 系列的所有标称值,是较为常用的系列。E6、E12、E24 系列标称值如表 2.1.1 所示。

当 E 取 48,96,192 时,保留两位小数,可以得到精度更高的 E48、E96 和 E192 系列的标称值。E48,E96 和 E192 系列标称值如表2.1.2所示。其中第 1,5,9 列为 E48 系列的标称值;第 1,3,5,7,9,11 列为 E96 系列的标称值;1 至 12 列为 E192 系列的标称值。

不同系列标称值有着不同的精度,各系列器件误差如表 2.1.3 所示。

表 2.1.1　E6,E12,E24 系列标称值

系列	标称值											
E6	1.0		1.5		2.2		3.3		4.7		6.8	
E12	1.0	1.2	1.5	1.8	2.2	2.7	3.3	3.9	4.7	5.6	6.8	8.2
E24	1.0	1.2	1.5	1.8	2.2	2.7	3.3	3.9	4.7	5.6	6.8	8.2
	1.1	1.3	1.6	2.0	2.4	3.0	3.6	4.3	5.1	6.2	7.5	9.1

表 2.1.2　E48,E96,E192 系列标称值

第1列	第2列	第3列	第4列	第5列	第6列	第7列	第8列	第9列	第10列	第11列	第12列
1.00	1.01	1.02	1.04	1.05	1.06	1.07	1.09	1.10	1.11	1.13	1.14
1.15	1.17	1.18	1.20	1.21	1.23	1.24	1.26	1.27	1.29	1.30	1.32
1.33	1.35	1.37	1.38	1.40	1.42	1.43	1.45	1.47	1.49	1.50	1.52
1.54	1.56	1.58	1.60	1.62	1.64	1.65	1.67	1.69	1.72	1.74	1.76
1.78	1.80	1.82	1.84	1.87	1.89	1.91	1.93	1.96	1.98	2.00	2.03
2.05	2.08	2.10	2.13	2.15	2.18	2.21	2.23	2.26	2.29	2.32	2.34
2.37	2.40	2.43	2.46	2.49	2.52	2.55	2.58	2.61	2.64	2.67	2.71
2.74	2.77	2.80	2.84	2.87	2.91	2.94	2.98	3.01	3.05	3.09	3.12
3.16	3.20	3.24	3.28	3.32	3.36	3.40	3.44	3.48	3.52	3.57	3.61
3.65	3.70	3.74	3.79	3.83	3.88	3.92	3.97	4.02	4.07	4.12	4.17
4.22	4.27	4.32	4.37	4.42	4.48	4.53	4.59	4.64	4.70	4.75	4.81
4.87	4.93	4.99	5.05	5.11	5.17	5.23	5.30	5.36	5.42	5.49	5.56
5.62	5.69	5.76	5.83	5.90	5.97	6.04	6.12	6.19	6.26	6.34	6.42
6.49	6.57	6.65	6.73	6.81	6.90	6.98	7.06	7.15	7.23	7.32	7.41
7.50	7.59	7.68	7.77	7.87	7.96	8.06	8.16	8.25	8.35	8.45	8.56
8.66	8.76	8.87	8.98	9.09	9.19	9.31	9.42	9.53	9.65	9.76	9.88

表 2.1.3　各种系列器件误差

系列	误差	用途
E6	±20%	低精度电阻、大容量电解电容
E12	±10%	低精度电阻、小容量电解电容、大容量无极性电容或电感
E24	±5%	普通精度电阻、小容量无极性电容或电感
E48	±1%,±2%	半精密电阻
E96	±0.5%,±1%	精密电阻
E116	±0.1%,±0.2%,±0.5%	高精密电阻
E192	±0.1%,±0.25%,±0.5%	超高精密电阻

　　从以上内容可知,电阻的标称值即为电阻的标称电阻值,即理想情况下该电阻的电阻值。

　　电阻的实际阻值与标称阻值并不相等,两者之间会存在一定的偏差,我们将该偏差允许范围称为电阻的允许偏差或称为精度。允许偏差小的电阻,其阻值精度就越高,稳定性也好,但其生产成本相对较高,价格也贵。

　　在挑选电阻时,一般优先选用 E24 系列的电阻。若待选用的电阻理论值与 E24 系列

的标称值差距过大,则考虑使用 E48,E96 等系列的电阻。此外,高精度、非标电阻一般价格不菲。在设计和选用时不应盲目追求使用高精度电阻。特殊情况下,除了选用更高规格的电阻外,还可以采用串并联、选用可变电阻等方式得到与理论值相近的阻值。

2. 电阻标称值的标注方法

定值电阻的标称值通常通过印刷、喷涂、激光雕刻等方式将某种符号或记号直接标注在元件的表面。由于电阻的种类繁多、形状和封装的差异比较大,电阻的参数有很多种标注方式,如直标法、文字符号法、数码法和色标法等多种标注方法。

(1) 直标法

直标法是使用阿拉伯数字和单位符号在电阻体上直接标出电阻的标称值与允许偏差。例如,某电阻上标注 $6.8 \text{ k}\Omega \pm 5\%$,即表示其标称阻值为 $6.8 \text{ k}\Omega$,允许偏差为 $\pm 5\%$。一般在体积比较大、表面较为平整的电阻上采用这种标注方式。

(2) 文字符号法

文字符号法是使用阿拉伯数字和文字符号有规律的组合,表示电阻的标称阻值和允许偏差。例如,4k7 表示 $4.7 \text{ k}\Omega$,2M2 表示 $2.2 \text{ M}\Omega$。

(3) 数码法

一般用三位数字表示电阻值大小,其单位为 Ω。第一、二位为有效数字,第三位表示倍乘数,即"0"的个数。如 102 表示 $10 \times 10^2 \ \Omega = 1\,000 \ \Omega$。有些精度高的小电阻标称值中含有字母 R,这种情况下通常将"R"看作小数点。如 27R1 表示 $27.1 \ \Omega$,以此类推。

表面封装型电阻常采用这种标注方法。

(4) 色标法

色标法与数码法类似,只不过数字用色环表示。色标法采用不同颜色的色环或点,在元件上标出标称阻值和偏差,色环的每一种颜色代表一个数字。在小型圆柱形元件的表面采用其他标注方式较为困难,通常采用色标法进行标注。

常见的色环电阻有三环、四环、五环三种。图 2.1.2 给出了几种色环电阻的示意图,表2.1.4 给出了色环颜色所代表的含义。

三道色环的电阻,第一、第二色环表示阻值的前二位有效数字,第三色环代表乘数,它的误差是固定的 $\pm 20\%$。

四道色环的电阻,第一、第二色环表示阻值的前二位有效数字,第三色环代表乘数,第四色环表示阻值的允许误差。

五道色环的电阻,第一、第二、第三色环表示阻值的前三位有效数字,第四色环代表乘数,第五色环表示阻值的允许误差。

例如,一个四色环电阻其第一至第四色环的颜色依次为棕、绿、棕、金,则该电阻的阻值为 $150 \ \Omega$,允许误差为 $\pm 5\%$。

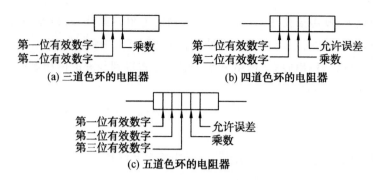

(a) 三道色环的电阻器　　　　(b) 四道色环的电阻器

(c) 五道色环的电阻器

图 2.1.2　色环电阻的示意图

表 2.1.4　色环中颜色的含义

色环颜色	有效数值	倍率	误差范围	温度系数/(ppm/℃)
黑	0	10^0	—	—
棕	1	10^1	$\pm1\%$	±100
红	2	10^2	$\pm2\%$	±50
橙	3	10^3	—	±15
黄	4	10^4	—	±25
绿	5	10^5	$\pm0.5\%$	±20
蓝	6	10^6	$\pm0.25\%$	±10
紫	7	10^7	$\pm0.1\%$	±5
灰	8	—	$\pm0.05\%$	±1
白	9	—	$-20\%\sim+50\%$	
金	—	10^{-1}	$\pm5\%$	
银	—	10^{-2}	$\pm10\%$	
本色(无色)	—	—	$\pm20\%$	

3. 定值电阻的参数

定值电阻的阻值是电阻最重要的参数,在前面已经有了详细介绍,下面再介绍定值电阻一些其他的参数。

(1) 额定功率

电阻的耗散功率 $P=I^2R$。在规定的环境温度和湿度内,假定周围空气不流通,电阻器在长期连续工作并且不损坏的情况下,电阻器上允许消耗的最大功率即为额定功率。常见的额定功率主要有 $\frac{1}{16}$ W,$\frac{1}{8}$ W,$\frac{1}{4}$ W,$\frac{1}{2}$ W,1 W,2 W 等。

为保证安全使用,一般选用的电阻的额定功率为设计功率的 150% 以上。若实际功率超过额定功率,电阻会剧烈发热甚至起火燃烧,从而损坏。安装在 PCB 板的电阻的额定功率一般需要控制在 5 W 以内,且安装时应与 PCB 板保持一定的距离,否则容易引起

PCB 板的过热损坏。

材料相同的电阻,额定功率越大,体积越大,占用电路板的面积越大,价格也越高。在设计和选用时应尽量避免额定功率过大的电阻。

（2）额定工作电压

额定工作电压即电阻在规定的环境温度和湿度内,假定周围空气不流通,电阻可以长期连续承受并且不损坏的电压。

在设计和选用时,设计电压不应超过额定工作电压,否则即使没有发生热损坏,也会由于电阻内部绝缘失效而导致电阻击穿损坏。

（3）温度系数

当电阻处于不同的温度时,其阻值会发生变化。电阻的温度系数指在某一环境温度范围内温度每改变 1 ℃时电阻值的相对变化量,一般用 ppm/℃表示。

4．电阻的类型

定值电阻的种类较多,其形态、特点、价格差异较大,分别适用于不同的电路场合。按照材质分,定值电阻可以分为碳质电阻、碳膜电阻、金属膜电阻、金属氧化膜电阻、陶瓷电阻等,这里对它们做一个简单的介绍。

（1）碳质电阻

碳质电阻(又称碳复合材料电阻)是现代电阻器的鼻祖。它由碳粉末、陶瓷粉末(或其他耐热绝缘材料)和黏合剂混合而成。不同的材料混合比例可以制出不同阻值的电阻。在这种电阻刚被大批量生产时,厂家使用金属线将混合粉末缠绕成圆柱体,在表面刷上不同颜色的油漆以示阻值,后来厂家将混合粉末装入圆柱形外壳并在两端引出金属引脚。碳质电阻的外形如图 2.1.3 所示。

因为其成本低廉,这种电阻在 20 世纪 60 年代被大量使用。碳质电阻的体积较大,误差也比较大。在发生故障时,属于易燃物的碳还会发生燃烧。因此,碳质电阻被众多新形式的电阻替代,而其圆柱体和色环的样式则得到了保留和继承。

图 2.1.3　碳质电阻的外形

碳质电阻因结构特殊,可以承受瞬时高压和静电,一些场合仍在使用。

（2）碳膜电阻

碳膜电阻同样是以碳为材料制成的电阻,与碳质电阻不同的是,碳膜电阻由碳薄膜制成。相较于碳质电阻,碳膜电阻抗冲击的能力较弱,不过更加精准、稳定和小型化。碳膜电阻一般为草绿色或土黄色,采用 4 色环进行标注,其中误差环常为金色、银色或本色,分别表示误差为 $\pm 5\%$,$\pm 10\%$,$\pm 20\%$。碳膜电阻的外形如图 2.1.4 所示。

碳膜电阻价格低廉、稳定性好,在廉价电子产品中被广泛使用,但其体积大、噪声大、精度低、温度系数高,不适合用于高频与高精度电路中。由于在发生故障时,碳膜电阻会发生燃烧,因此,

图 2.1.4　碳膜电阻的外形

在设计和选用时应严格选用额定功率符合要求的碳膜电阻。

（3）金属膜电阻

金属膜电阻由在空心陶瓷体表面附着的一层合金膜制成，通过将金属膜修剪加工成不同的形状来获得电阻器的不同电阻值。金属膜电阻一般为蓝色或蓝绿色，大多采用 5 色环标注参数。金属膜电阻的外形如图 2.1.5 所示。

作为碳膜电阻的替代品，金属膜电阻通常也被制成通孔直插的形式，金属膜电阻在精度、稳定性、噪声和温度系数上都明显优于碳膜电阻，但耐压值通常不高，可使用这种技术制造 E192 系列

图 2.1.5　金属膜电阻的外形

的电阻。金属膜电阻价格低廉，性能较好，在电子实验中应该优先考虑使用这种电阻。

电子产品市场上存在着一种看似是金属膜电阻，实则是碳膜电阻的电阻器。在选用时需要仔细甄别。其主要区别如下：

① 碳膜电阻外观多为土黄色、草绿色或粉红色，而金属膜电阻外观大多数是蓝色。

② 金属膜电阻精度比碳膜电阻高，但是随着工艺水平的提高，这种差异越来越小，不易被甄别。

③ 碳膜电阻具有负的温度系数，而金属膜电阻具有较小的正温度系数，可用烙铁加热进行测试。

（4）金属氧化膜电阻

金属氧化膜电阻是一种薄膜式电阻，其中电阻材料是金属的氧化物。从本质上讲，金属氧化物是金属与氧气燃烧后的产物，所以这类材料十分耐高温。金属氧化膜电阻可以提供比碳膜和金属膜电阻高得多的运行温度且具有更好的脉冲处理特性。金属氧化膜电阻的精度与碳膜电阻相当，有较低的温度系数。金属氧化膜电阻的外形如图 2.1.6 所示。

图 2.1.6　金属氧化膜电阻的外形

（5）陶瓷电阻

陶瓷电阻是由陶瓷或陶瓷复合材料制成的电阻，其结构与碳质电阻类似。陶瓷电阻使用金属、金属氧化物或其他更为稳定的导电材质作为复合材料，并烧制成陶瓷的形式。

陶瓷的机械强度很高，性质极其稳定，可以在更热和更潮湿的环境下工作。不过陶瓷电阻在通过小信号时不是十分稳定，通常仅仅用在功率较大的场合。陶瓷电阻的外形如图 2.1.7 所示。

图 2.1.7　**陶瓷电阻的外形**

（6）其他分类方式的电阻

定值电阻除了上述按材料进行分类以外，还可以按照安装形式分为通孔直插型电阻、表面封装型电阻和底盘安装型电阻等。

通孔直插型电阻上有两根引出的金属引脚，安装时金属引脚垂直插入印刷线路板进行焊接，焊接较为牢靠。具有轴向封装与径向封装两种形式，如图 2.1.8(a)所示。

表面封装型电阻一般极为扁平，其主体通常是由附着在陶瓷基板上的电阻材料组成的，两端有引出的金属端子。焊接时将金属端子焊接到印刷电路板的表面。表面封装型电阻的外形如图 2.1.8(b)所示。

底盘安装型电阻有用于安装和散热的底座，这些底座可以牢牢地固定在设备的外壳和机械结构上。得益于底座良好的散热性能，同等材质和体积下的电阻可以获得相较于其他电阻数十倍甚至数百倍的额定功率，通常使用在需要大量散热或者需要抵抗强烈震动的场合。底盘安装型电阻的外形如图 2.1.8(c)所示。

（a）各种通孔直插型电阻的外形

（b）各种表面封装型电阻的外形

（c）各种底盘安装型电阻的外形

图 2.1.8　**按照安装形式分类的电阻**

2.1.2 可变电阻

顾名思义,可变电阻就是阻值可以变化的电阻。常用的可变电阻有几种类型:电位器、变阻器及敏感电阻。

电位器(Potentiometer)是三端口的可变电阻,这种电阻的其中两个端口为定值电阻,另一个端口是在该定值电阻上滑动的抽头电刷。电位器被抽头电刷分为两个电阻,改变电刷的位置,即可同时改变两个电阻的阻值,从而改变各部分电阻上分得的电压。电位器通常作为可变电压调节器使用。

变阻器(Rheostat)是二端口的可变电阻,这种电阻上设有滑动触点,电阻的阻值可以通过器件上的旋钮改变。

敏感电阻是指当外界条件发生改变(如温度、湿度、光照强度、压力等)时阻值发生变化的一种元件。2.4 节中会对敏感电阻进行介绍。

图 2.1.9 给出了电位器和变阻器的电路符号和几种实物外形举例。

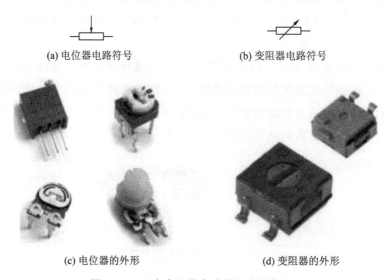

(a) 电位器电路符号　　　　　　　　　　(b) 变阻器电路符号

(c) 电位器的外形　　　　　　　　　　(d) 变阻器的外形

图 2.1.9　可变电阻的电路符号和实物示例

从电位器的电路符号可以看出,电位器的三个管脚中有两个管脚连接在固定电阻的两端,剩下的一个管脚为调节端管脚。如何找到这个调节端管脚呢?

鉴别方法是:用多用表的电阻测量挡(欧姆挡)测量电位器的任意两个管脚,如果示数接近于标称值(调节范围的最大值),调节电位器上的旋钮,如果示数不发生改变,说明这两个管脚为固定电阻的两端,那么,剩下的那一个管脚即为调节端管脚;如果调节电位器上的旋钮,多用表上的读数发生改变,说明这两个管脚中有一个是调节端管脚,这时就可以让多用表的两个表笔中一个不改变位置,另一个表笔换到电位器的剩下的那个管脚上,读出多用表的示数,如果这个数是标称值,那么现在和两个表笔所连着的两个管脚为固定电阻两端,而剩下的那一个管脚就是调节端管脚。

2.1.3　电容

　　电容又称电容器,顾名思义即为容纳电荷的元件。电容由两块相对的极板组成,极板中填入绝缘物质,如果加上电压,两极板间便可存储一定量的电荷。电容在电路中用字母"C"表示,它的电路符号见图 2.1.10。

图 2.1.10　各种电容的电路符号

1. 电容的参数

（1）电容值

　　电容值是电容的主要参数之一,用来表示电容的容量大小,是设计电路时首先需要考虑的指标。特别需要注意的是,通常电容值并非是固定不变的,电容的电容值会随着频率、温度、电压和时间等影响因素的变化而变化。电容的国际标准单位为 F(法拉)。常见的单位还有 μF(微法)、nF(纳法)、pF(皮法),它们之间的换算关系如下:

$$1\ F = 10^6\ \mu F = 10^9\ nF = 10^{12}\ pF$$

　　容抗 $X_c = \dfrac{1}{2\pi f C}$,用于衡量电容对交流电流的阻碍能力,单位为 Ω。

　　电容的标称值即标准化的电容值,与电阻一样,通常采用 E24,E12,E6 标称系列。

　　电容在生产时受到工艺的限制,不能确保每个电容的电容量都与标称值一致,会有一定的容量偏差,即容差。电容的容差通常用字符标注,有绝对表示和相对表示两种形式。

　　① 绝对表示。

　　以电容值的绝对误差表示,这种表示方式通常用于标注小容量的电容。表 2.1.5 给出了字符与绝对容差之间的关系。

表 2.1.5　字符与绝对容差之间的关系

等级	绝对容差	等级	绝对容差
B	±0.1 pF	Y	±1 pF
C	±0.25 pF	A	±1.5 pF
D	±0.5 pF	V	±5 pF

　　② 相对表示。

　　以电容标称值的偏差百分数表示,其中,容差小于 5% 的可以称为精密电容,而一般电容多为 J、K、M 级,陶瓷电容多为 K 级和 M 级,电解电容多为 M 级和 S 级,多用于对容量精度要求不高的场合。表 2.1.6 给出了字符与相对容差之间的关系。

表 2.1.6　字符与相对容差之间的关系

等级	相对容差	等级	相对容差
D	±0.5%	J	±5%
P	±0.625%	K	±10%
F	±1%	M	±20%
R	±1.25%	S	−20%～+50%
G	±2%	Z	−20%～+80%
U	±3.5%		

（2）额定电压（耐压值）

直流额定电压指在一定的温度范围内电容器可以长期稳定承受的最大直流电压，通常在电容器上标注 VDC。若实际电压超过额定电压，即会导致电介质击穿损毁，电容被击穿损坏。

非极性电容可以接入交流电压，交流额定电压通常在电容上使用 VAC 标注。此外，交流额定电压有效值一般不超过直流额定电压。例如，某电容器的直流额定电压为 630 V，交流额定电压为 220 V。

（3）漏电流与绝缘电阻

当理想电容两端加上直流电压时，极板间没有电流流过。实际电容极板间的介质并非完全绝缘，无论电容是否充满，电容极板间都会有一个相对固定的电流流过。我们将这个电流称为漏电流。漏电流一般随着温度的升高和电压的升高而增大。电容两端的电压与漏电流之比即为绝缘电阻，或称为漏电电阻。

在设计中使用电容进行储能或高频交流耦合时，通常需要考虑这个参数。一般电解电容的漏电流较高，不适用于上述电路场合。

（4）温度系数

温度系数用来表示电容量随温度变化的程度，通常变化范围较小，单位为 ppm/℃，表示在温度变化 1 ℃时电容的容值变化量与标称容量的比值。

随着温度的升高，大部分电容的容量变大，此类电容我们称为正温度系数电容。也有一些电容的电容量会减小，即负温度系数电容，如聚丙烯电容。此外，还有一些电容的容值在不同的范围内有不同变化，如陶瓷电容。

（5）频率特性

当电容的工作频率较高的时候，电容的实际等效容量会减小，绝缘电阻会降低。陶瓷电容、聚丙烯电容的频率特性较好，电解电容的频率特性较差。

（6）等效串联电阻（ESR）

一般来说，电容在使用过程中会产生一些能量损耗，这些损耗源自电容器的引脚和极板电阻、介质损耗和漏阻抗等。等效串联电阻指在给定的频率下电容器产生的损耗，可以简单地用一个电阻表示。

当电容流经的电流越大时，等效串联电阻越大，损耗的能量越多，电容的品质就越差。所以在高功率、高精度的应用中使用具有较低等效串联电阻的电容。不过在低功率、低精度的模拟电路中串联等效电阻一般不会产生严重的影响，在设计时可以不做过多的考虑。

（7）峰值电流

由于等效串联电阻（ESR）的存在，当电容器通过电流的时候会产生热量。当电流比较大的时候，电容会剧烈发热，随之损坏。峰值电流指在一定的温度下（一般为25 ℃），电容可以承受的非重复脉冲电流的峰值。由于脉冲电流的持续时间极短，电容可以在非脉冲时充分散热，故不易出现电容过热损坏的情况。

2．电容的类型

电容按照极性来分类，可以分为有极性电容和无极性电容。市面上的有极性电容通常有铝电解电容、钽电容两种，其他电容则一般为无极性电容。图 2.1.11 为部分种类电容的外形。

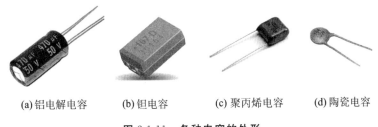

(a) 铝电解电容　　(b) 钽电容　　(c) 聚丙烯电容　　(d) 陶瓷电容

图 2.1.11　各种电容的外形

（1）铝电解电容

图 2.1.11(a) 为铝电解电容的外形。铝电解电容是由阳极铝箔、隔离纸和阳极膜交替缠绕制成的，其中正极板为阳极铝箔，负极板为阳极板表面的氧化铝，电介质为填充在极板间的电解液。由于采用卷型结构和特殊的加工工艺，铝电解电容有巨大的极板间面积和极小的极板间距离，单位体积内铝电解电容的电容量巨大，通常可以达到数百万微法，耐压值可达到数百伏。

铝电解电容容量范围大，体积小，价格低廉，被广泛地应用于滤波和储能电路等场合。不过铝电解电容的漏电流较大，温度系数较高，仅适用于低频领域。

铝电解电容为有极性电容，仅能承受低于其耐压值的直流电压，且负极必须接入电压较低的一端（电容表面会有"－"明显标注），否则会引发电容爆炸。由于采用液体作为材料，电解液会以蒸发的形式逐渐减少，铝电解电容较易失效损坏。

（2）钽电容

钽电容的外形如图 2.1.11(b) 所示。钽电容由钽的氧化物制成，一般为贴片封装固体形式。由于采用固体形式，不存在铝电解电容电解液损耗而导致的寿命问题。钽电容更轻、更小、漏电流小，但价格偏高且不耐电流脉冲。与铝电解电容相同，钽电容也为有极性电容，使用时需要注意极性，一般在钽电容表面印刷深色标记一侧的引脚为电容的正极，若极性反接，会引发电容燃烧等严重故障。

钽电容的绝缘电阻低,不适用于储能电路。高频时,钽电容的性能更接近电感,故也不适用于高频电路。

(3) 聚酯电容

聚酯电容采用两片金属箔作为电极,夹在聚酯(包括聚乙酯)薄膜中,卷成圆柱形或扁柱形。聚酯薄膜电容的介电常数较高,体积小,稳定性较好,但耐压值不高,适宜做旁路电容。

(4) 聚丙烯电容(CBB 电容)

聚丙烯电容采用聚丙烯作为电介质,能提供比聚酯电容更高的耐压性能,电容的误差较小,在频率不高的情况下容量较为稳定,耐压值较高,一般可达到 63~2 000 V。聚丙烯电容的外形如图 2.1.11(c)所示。

(5) 陶瓷电容(瓷片电容)

单层陶瓷电容以陶瓷材料作为电介质。由于没有采用卷式结构,陶瓷电容的自感低,适用于高频电路中。和电解电容一样,陶瓷电容也是目前应用最广泛的电容之一。陶瓷电容的外形如图 2.1.11(d)所示。

(6) 超级电容

超级电容的电容值巨大,可以达到 100 F,输出功率高。超级电容的储电能力可以达到电池的 10%,放电能力可以达到电池的 10 倍。相较于电池,电容的充放电速度更快,充放电过程简单可靠,可以承受更大的脉冲电流,但储电量不如电池。总的来说,超级电容的性能介于普通电容和电池之间。

超级电容的等效串联电阻较高,温度稳定性较差,不适合在电源电路用于吸收纹波,而适合应用在需要短时间供电的电路和低功耗电路中,如计算机主板的后备电源。

3. 电容的应用

电容是储能元件。电容的工作分为充能与释能两部分,充能时在电容两极间加上一定的电压,此时外加电流中的电荷被储存到电容器中。释能时,电荷以电流的形式被释放到电路中。

由于电容极板中填充的是绝缘物质,无法通过直流电流,电容的阻抗相当于无穷大,复合信号中的直流成分不允许通过。对于交流信号,电容的阻抗依信号频率的变化而变化,信号频率越高,电容的阻抗越小。

(1) 耦合滤波

将电容和输入的电压信号串联,电容在电路中起耦合作用。因此,电容可以用于耦合两个电路,滤除掉直流分量,控制不同频率的信号通过。

(2) 去耦滤波

将电容和输入的电压信号并联,也称为旁路,电容在电路中起去耦作用。与耦合滤波相反,信号通路允许信号中的直流分量或者低频部分通过。

(3) 电路谐振

在具有电阻 R、电感 L 和电容 C 元件的交流电路中,电路两端的电压与其中流过的电流相位一般是不同的。如果调节电路元件(L 或 C)的参数或电源频率,可以使它们的相位相同,整个电路呈现为纯电阻性。电路达到这种状态被称为谐振。在谐振状态下,电路的总阻抗达到极值。按电路连接的不同,有串联谐振和并联谐振两种(谐振知识详见《电路分析》等相关教材)。

谐振电路在电子技术中的应用非常广泛。由于它对频率具有选择性,在发送和接收设备中常作为高频和中频放大器的负载;谐振电路是振荡器的重要组成部分;谐振电路在电子电路中做吸收回路,用以滤除干扰信号;等等。

2.1.4　电感

电感又称扼流圈、电抗器,是常见的无源元件之一,在模拟电路中有着广泛的应用。与电容一样,电感也是一种储能元件。电感将电能储存在磁场中,抑制电流的突然变化。电感充能时,电流开始流经电感,电感周围的磁场逐渐增大。电感释能时,电感周围的磁场转化为电能,推动电子运动。

电感的主要作用是对交流信号进行隔离、滤波或与电容、电阻组成谐振电路。电路中电感用字母"L"表示,图 2.1.12(a)是空心电感的电路符号,图 2.1.12(b)是磁芯电感的电路符号。

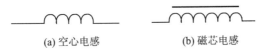

(a) 空心电感　　　　　(b) 磁芯电感

图 2.1.12　各种电感的电路符号

1. 电感的主要参数

(1) 电感值

电感值反映电感存储能量的大小,电感值的单位是 H(亨利),常见的单位还有 mH(毫亨)、μH(微亨)等。各量之间的换算关系如下:

$$1\ \text{H}=10^{3}\ \text{mH}=10^{6}\ \mu\text{H}$$

电感值取决于线圈的绕制形式、大小、匝数、铁芯材料等因素。感抗 $X_L=2\pi fL$,用于衡量电感对交流电流的阻碍能力,单位为 Ω。

(2) 额定电流

额定电流指在一定的温度范围内电感可以长期稳定承受的最大直流电流。若实际电流超过额定电流,则会出现电感线圈因过热而损坏。当电感中通过交流电流时,可用电流有效值计算。

若电感未标注额定电流的大小,则可根据线圈线径进行估算。一般铜质漆包线可以按照每平方毫米截面积通过 2.5 A 的电流进行近似估算。

(3) 直流内阻

电感的直流内阻是当电感通过直流电流时的等效电阻,一般小于 10 Ω。在同等条件下电感值越大,直流内阻也越大;线圈的线径越大,直流内阻越小;线圈的含铜量越高,直流内阻越小。在电感的设计中应尽可能地减小直流内阻。

（4）品质因数

电感的品质因数被定义为电感储能与耗能之比，理想情况下为电感的感抗与直流内阻之比：

$$Q = \frac{\omega L}{R} = \frac{2\pi f L}{R}$$

式中，f 为工作频率，L 为电感量，R 为直流内阻。

品质因数 Q 是反映电感效率与性能的关键指标，与材料的材质、大小和工艺相关。Q 值越大，则表示电感的功率损耗越小，品质越好。

由上式可知，Q 值为频率的函数，故想要确定 Q 值，则必须给定频率。

一般用于谐振回路的电感 Q 值较大，以减小谐振回路的损耗。用于滤波回路的电感 Q 值较小，避免与滤波电容形成谐振回路。

（5）自谐振频率

电感由于使用线圈绕制，线圈之间会存在一定的分布电容。电感的分布电容与电感会产生谐振。由于这种谐振只与电感本身相关，故称之为自谐振频率，它是电感的一个性能指标。在自谐振频率下感抗与容抗相等，相互抵消，电感呈纯阻性，即在自谐振频率下电感可以等效为纯电阻，此时电感 Q 值为 0。

2. 电感的类型

电感是用漆包线、沙包线或塑皮线等在绝缘骨架或磁芯、铁芯上绕制成的一组串联的线匝，根据不同的分类方式，又有着各种特定名称的电感。

按照结构的不同，电感可分为固定电感和可调电感。

按用途，电感可分为振荡电感、效正电感、阻流电感、滤波电感、隔离电感、补偿电感等。图 2.1.13 所示为一些电感的外形。

图 2.1.13(a) 为色环电感，与色环电阻的外形很相似，只是体形比色环电阻明显胖一些，电感量及误差范围表示方法与色环电阻完全相同，只是得出的结果的单位是 μH 而不是 Ω。色环电感的安装方式也与通孔直插型的电阻类似。

图 2.1.13(b) 至图 2.1.13(d) 为工字电感，可以在体积较小并且直流电阻较小的同时获得比较大的电感值。

图 2.1.13(e) 为空心电感。空心电感由导线直接绕制而成。由于没有铁芯，空心电感不会由于磁滞和涡流现象而产生损耗与失真。空心电感一般电感值较小。使用时可以通过微调线圈形状来微调其电感值。空心电感一般用于遥控器、接收机等射频电路和其他对品质因数要求较高的高频电路中。此外，空心环形的电感可以制成罗氏线圈（Rogowski Coil），用于较宽频率范围内的导体电流的测量。

图 2.1.13(f) 至图 2.1.13(h) 为表面封装型电感。表面封装型电感的体积特别小，主要用于高密度的电路板上。相比其他类型的电感，表面封装型电感的寄生参数和电阻损耗特别小，Q 值较高，有比较好的高频性能。

图 2.1.13(i) 是无线充电线圈，它不是一个传统意义上的电感。无线充电线圈是指利

用电磁波感应原理进行充电的设备,原理类似于变压器。在发送和接收端各有一个线圈,发送端线圈连接有线电源产生电磁信号,接收端线圈感应发送端的电磁信号,从而产生电流给电池充电。目前随着无线充电技术的广泛应用,一些厂商已经将无线充电线圈作为标准化的电感器件进行销售。

图 2.1.13(j)是可调电感。可调电感的调节部件是沿线圈中心移动的铁芯,通过移动铁芯的位置,可以改变电感的大小。可调电感通常用于谐振电路、频带较窄的电路和其他需要调节电感值大小的电路。

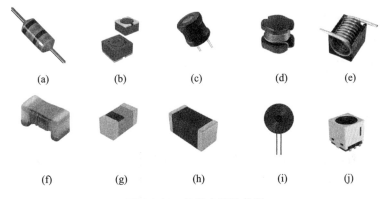

(a)　　　　(b)　　　　(c)　　　　(d)　　　　(e)

(f)　　　　(g)　　　　(h)　　　　(i)　　　　(j)

图 2.1.13　各种电感的外形

通常高品质的电感内阻较小,因此对直流电流几乎没有阻碍作用。我们可以将电感的这个特性简单概括为"通直流,阻交流",阻止高频信号通过,允许低频信号通过,这与电容的特性恰好相反。当交流电流流经电感时,电感会产生自感电动势阻碍交流电流流过,并且其阻碍作用随着频率的增加而增强。利用这个特性,电感在电源滤波等场合有着广泛的应用。

2.1.5　变压器

变压器是利用电感的电磁感应原理制成的部件。

一个典型的变压器可以看作两个(或多个)电感线圈的复合。这些电感线圈被绕制在同一铁芯上,利用互感传递交流信号的能量。其中一个线圈被称为原边线圈,另一个线圈被称为副边线圈。电路中的变压器用字母"T"表示,图 2.1.14 给出了变压器的实物图及电路符号。图中的 N_p 为变压器的原边线圈的匝数,N_s 为变压器的副边线圈的匝数。

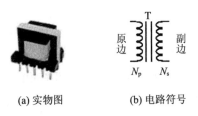

(a) 实物图　　　　(b) 电路符号

图 2.1.14　变压器的实物图及电路符号

变压器利用其原边(初级)、副边(次级)绕组之间圈数(匝数)比的不同来改变电压比和电流比,实现电能或信号的传输与分配。其主要有降低/提升交流电压、信号耦合、变换阻抗、隔离等作用。

变压器按工作频率可分为高频变压器、中频变压器和低频变压器。

变压器按用途可分为电源变压器、音频变压器、恒压变压器、耦合变压器、自耦变压器、隔离变压器等多种。

变压器的主要参数有额定电压、额定电流、空载电流、效率等。

(1)额定电压

额定电压分初级额定电压和次级额定电压。初级额定电压是指变压器在额定工作条件下,根据变压器绝缘强度与温升所规定的初级电压有效值。

次级额定电压是指初级加有额定电压而次级处于空载的情况下次级输出电压的有效值。

对于电源变压器而言,额定电压通常指按规定加在变压器初级绕组上的电源电压。

(2)额定电流

在初级加有额定电压的情况下,保证初级绕组能够正常输入和次级绕组能够正常输出的电流,分别称为初、次级额定电流。

(3)空载电流

当变压器次级开路时,初级线圈中仍有电流流过,该电流即变压器的空载电流。

(4)效率

在额定负载下,变压器的输出功率和输入功率的比值,叫作变压器的效率。变压器的效率值通常在60%以上。

变压器的效率与变压器的功率等级有着密切的关系,功率越大,损耗与输出功率相比就越小,效率也越高;反之,功率越小,效率也越低。

2.2 半导体器件

半导体器件按照封装形式可以分为两大类:一类是半导体分立器件,另一类是集成电路。

半导体分立器件是电子电路的基础元器件,是各类电子产品线路中不可或缺的重要组件,分为二极管、双极结型三极管、场效应三极管、功率整流器件等。分立器件可广泛应用于各类电子产品,它的应用领域主要有家用电器、电源及充电器、绿色照明、网络与通信、汽车电子、智能电表及仪器等。

集成电路是将有源器件(如三极管等)、无源元件(如电阻、电容等)及其互连布线制作在一个半导体或绝缘基上,形成结构上紧密联系,在外观上看不出所用器件的一个整体电路。集成电路具有体积小、重量轻、功能集中、工作可靠、功耗低、价格低等特点,大大优化了产品的结构,被广泛用于电子设备中。

本节将对二极管、三极管及集成电路这三大类半导体器件的具体分类和常见封装进行介绍。

2.2.1　二极管

二极管是利用半导体 PN 结的单向导电性制成的器件。将 PN 结用外壳封装,加上电极引线后就形成了半导体二极管,简称二极管(Diode)。由 P 区引出的电极为阳极,由 N 区引出的电极为阴极,它的图形符号和外形如图 2.2.1 所示。

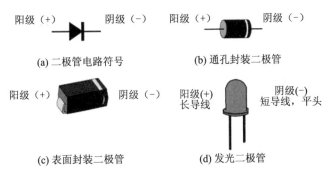

图 2.2.1　二极管的电路符号和外形

1. 二极管的特性

二极管的电流-电压特性曲线如图 2.2.2 所示,当二极管外加正向电压时,只有在电压足够大时,二极管才导通并开始有电流,此时的电压被称为开启电压 V_{on}(硅管约为 0.5 V,锗管约为 0.1 V)。

当二极管外加反向电压时,二极管处于截止状态,只有很小的反向饱和电流 I_S 流过,伏安特性表现为几乎和横轴负半轴重合的曲线。硅管的 $I_S < 0.1\ \mu A$,锗管的 I_S 为几十微安。

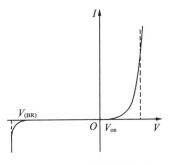

图 2.2.2　二极管 I-V 曲线

当反向电压大到一定数值后,二极管会出现反向电流迅速增大的情况,称为反向击穿。击穿区曲线很陡,几乎和纵轴平行,具有稳压的特性。此时二极管反向电压处于一个比较稳定的数值 $V_{(BR)}$,该值被称为反向击穿电压。

2. 二极管的主要参数

二极管的主要参数包括额定电流、反向耐压值、反向电流、额定工作频率等。

① 二极管最大整流电流 I_M,指二极管长期运行时允许通过的最大正向平均电流。实际电路中二极管正向平均电流不允许超过此值,否则 PN 结会因温升过高而烧毁。

② 二极管最高反向工作电压 V_{RM},指二极管工作时允许外加的最大反向电压。考虑安全余量,V_{RM} 通常为二极管击穿电压 $V_{(BR)}$ 的一半。

③ 二极管最高反向电流 I_{RM},指二极管未击穿时的反向电流。I_{RM} 越小越好。因二极管

的反向电流主要是由少子漂移产生,少子浓度受温度影响较大,所以I_{RM}对温度较为敏感。

④ 二极管的最高工作频率,指二极管工作时的上限频率。由于结电容的存在,对二极管的工作频率提出了要求,工作频率不能超过最高工作频率,否则二极管的单向导电性将受影响。

实际应用中,应根据应用场合,按照二极管实际承受的最高反向电压、最大正向平均电流、工作频率和环境温度等条件,选择满足要求的二极管。

3. 几种典型的二极管

(1) 小信号二极管

小信号二极管常用于电压较低、电流较小的电路中。在使用时主要利用二极管的单向导电性。有些类型的小信号二极管的响应时间非常短,工作频率很高,适用于高频电路和高速逻辑电路中。

图 2.2.3 给出了小信号二极管的玻璃式封装,1N4148 就采用了这种封装。开关二极管、肖特基二极管都属于这种小信号二极管。

图 2.2.3　小信号二极管的玻璃式封装

(2) 整流二极管

整流二极管在使用时同样也是利用二极管的单向导电性,把交流电转换为单向的脉动直流电。整流二极管正向工作电流较大,但开关特性及高频特性均较差。

常用的整流二极管有 1N4007、1N5408 等。1N4001～1N4007 系列的二极管,整流电流为 1 A。1N5400～1N5408 系列的二极管,整流电流均为 3 A。上述两个系列二极管型号的最后一位数字代表二极管的反向击穿电压:1N4001 为 50 V,1N4007 为 1 000 V。

图 2.2.4 为两种整流二极管的外形。图 2.2.4(a)是柱型封装,图 2.2.4(b)是双头螺栓型封装,大电流整流二极管多使用双头螺栓型封装。

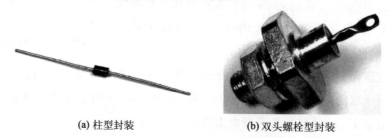

(a) 柱型封装　　　　　　　　　　(b) 双头螺栓型封装

图 2.2.4　两种整流二极管的外形

(3) 稳压二极管

稳压二极管工作在齐纳击穿状态。当这种二极管工作在反向击穿状态时,具有在一定的电流范围内保持电压相对稳定的能力。

稳压二极管的关键参数有稳压值和耗散功率。在使用稳压二极管时通常需要串联限流电阻,否则会因为反向电流过大而导致二极管过热损坏。

图 2.2.5 给出了稳压二极管的电路符号和几种封装的实物图。从图中可以看出,稳压

二极管的封装和其他种类的二极管封装是基本相同的,要通过封装上印刷的编号来识别或者购买时包装袋上的产品信息识别。

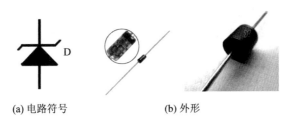

(a) 电路符号　　　　　　　(b) 外形

图 2.2.5　稳压管的电路符号和外形

（4）发光二极管

发光二极管(LED)的内部为一个具有单向导电性的 PN 结。当在发光二极管的两端加正电压时,PN 结势垒降低,载流子的扩散运动大于漂移运动,P 区的空穴注入 N 区,N 区的电子注入 P 区。相互注入的电子和空穴相遇后就会产生复合,复合时发出的能量以光子的形式耗散。

发光二极管使用的材料有很多种,它们确定了发光二极管的发光颜色。使用砷化镓及砷铝化镓材料制成的发光二极管发出红色光;使用磷化镓材料制成的发光二极管会发出红色或绿色光;使用磷铝化镓材料制成的发光二极管会发出黄色或黄绿色光;由铝铟镓磷半导体复合材料可制成超高亮度的发光二极管。

发光二极管的种类很多,形状、大小及正向压降会有很大的变化范围。有些类型的发光二极管设计成表面封装形式,体积很小,而有些用在照明场合的发光二极管体积则很大。图 2.2.6 为几种常见的发光二极管的外形。

发光二极管的特征主要体现在输出波长（颜色）、正向电压和正向电流上。正向电压是发光二极管中的 PN 结开始导通时的电压,正向电流是发光二极管产生最大输出时的电流。有些发光二极管最低导通正向电压为 1.4 V,一些小电流器件的正向电流只需 1 mA 就能点亮发光二极管,而有些发光二极管需要高达 14 V 的正向电压和 70 mA 的电流才能被点亮。表 2.2.1 给出了不同颜色发光二极管的正向导通压降。

图 2.2.6　几种常见的发光二极管的外形

表 2.2.1　不同颜色发光二极管的正向导通压降

颜色	波长/nm	导通电压/V
红外	940～850	1.4～1.7
红	660～620	1.7～1.9
橙/黄	620～605	2～2.2
绿	570～525	2.1～3.0
蓝/白	470～430	3.4～3.8

单个的发光二极管只能显示一种颜色,如果想显示多个颜色,则需要几种不同颜色的二极管组合而成。

(5) 其他一些特殊二极管

PN结对外部能量(如热和光)敏感,利用这种敏感性或增强这种灵敏性,可以用于制作光传感器的设备。

PIN二极管(PIN是指器件中的 P—I—N 结,是对 PN 结做了一种改进的结,其中 I 代表本征层)用作光检测器时,二极管反向连接,在没有检测到光时,没有电流流动;当检测到光时,二极管导通。

激光二极管是 LED 的一种变体,但对结构进行了一些修改,以使该设备可以发射相干光。激光二极管像 LED 一样连接到电路,它们的输出可以被调制以携带信息,可用于光纤通信系统,当然,它也可以简单地做激光笔用。激光二极管的输出功率范围从 5 mW 到 30 W 以上不等。低功率类型通常用于激光指示器;而更高功率的部件,在 500~800 mW 范围内,用于 CD 和 DVD 驱动器;输出功率高于 1 W 的设备用于雕刻机、切割机、日期代码标签系统和一些投影系统。

变容二极管(Varactor Diodes)又称"可变电抗二极管",是利用 PN 结反偏时结电容大小随外加电压变化的特性制成的。反偏电压增大时结电容减小,反之结电容增大,变容二极管的电容量一般较小,其最大值为几十皮法到几百皮法,最大电容与最小电容之比约为 5∶1。它主要在高频电路中用作自动调谐、调频、调相等,如在电视接收机的调谐回路中作为可变电容使用。

4. 二极管的封装

二极管的封装主要有两种类型,一种是柱型封装,图 2.2.3、图 2.2.4 中就是这样的封装。美国半导体标准行业协会又称电子元件工业联合会(Joint Electron Device Engineering Council,JEDEC),是微电子工业的领导标准企业,图 2.2.7 给出了 JEDEC 定义的柱型封装二极管的封装形式,表 2.2.2 给出了图中 A、B、C 所代表的尺寸。

注意:图 2.2.7 中的二极管柱体上的白线代表二极管的阴极。在实物中,如果二极管柱体是黑色的,则白线部分为白色;如果二极管柱体是玻璃材料或是白色的,则白线部位为黑色。

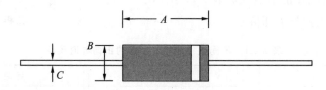

图 2.2.7　二极管的柱型封装

表 2.2.2 不同柱型封装对应的尺寸

JEDEC 封装	A/mm	B/mm	C/mm
DO-16	2.54	1.27	0.33
DO-26	10.41	6.60	0.99
DO-29	9.14	3.81	0.83
DO-34	3.04	1.90	0.55
DO-35	5.08	1.90	0.55
DO-41	5.20	2.71	0.86

图 2.2.8 给出了二极管的表面贴片式封装的几种情况,其中 DO-214 封装为扁平式封装,而 MELF、SOD-80 封装均为小圆柱式贴片封装。图中数字的单位为英寸,括号中为毫米。

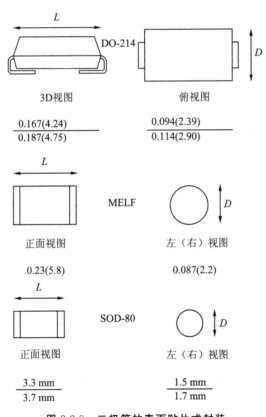

图 2.2.8 二极管的表面贴片式封装

图 2.2.9 给出了 LED 的一些封装形式。

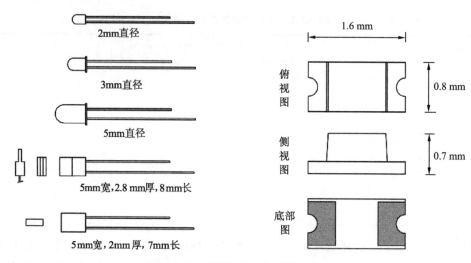

图 2.2.9　LED 的几种封装形式

2.2.2　三极管

三极管可分为两种基本类型：双极结型和场效应型。

双极结型三极管（BJT）是由两个做在一起的 PN 结连接相应电极再封装而成的。三个电极分别叫发射极（E）、基极（B）和集电极（C）。三极管可用作放大器或开关。BJT 三极管有两种结构：NPN 和 PNP，如图 2.2.10(a)所示。

场效应三极管（FET）可以是 N 沟道或 P 沟道器件，这取决于它的制作方式。FET 也有多种变体，每种类型都有其独特的一组特性。例如，电流处理能力、电压范围和开关速度，使其适用于特定应用。场效应三极管又分为结栅场效应三极管、金属氧化物半导体场效应三极管及肖特基势垒场效应三极管，本书仅对金属氧化物半导体场效应三极管做一介绍。

MOSFET（如前所述，代表金属氧化物半导体场效应三极管）是一种常见的 FET。这些器件在"开启"状态时具有低内阻，并且某些类型可以处理大电流。它们常用于直流电源开关电路，也被用于音频放大器的输出级。MOSFET 三极管有四种结构，如图 2.2.10(b)所示。

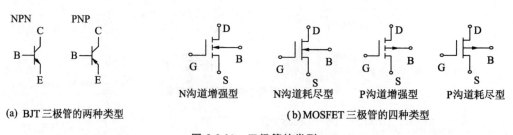

图 2.2.10　三极管的类型

1．双极结型三极管（BJT）的主要参数

实验中常用的 BJT 三极管有 80、90 系列，包括低频小功率硅管 9013（NPN）、9012

(PNP),低噪声管 9014(NPN),高频小功率管 9018(NPN),通用型的功率管 8050(NPN)、8550(PNP)等。

表 2.2.3 列出了部分 80、90 系列 BJT 管的主要参数,它们都是硅管。可以看到,系列中的 BJT 管的电流放大系数 h_{FE} 的范围为 28～1 000,三极管的耐压性能好,集电极-射极击穿电压 $V_{(BR)CEO}$ 都在 25 V 以上,使用温度高(可达 150 ℃ 及以上)。除了以上参数之外,表中还给出了集电极最大允许电流 I_{CM}、集电极-射极击穿电压 $V_{(BR)CEO}$ 及最大工作频率 f_T。

表 2.2.3　部分 80、90 系列 BJT 管的主要参数

型号	极性	$P_{CM}/$ mW	集电极-射极击穿电压 $V_{(BR)CEO}/V$	集电极最大允许电流 I_{CM}/A	结温 /℃	电流放大系数 h_{FE}	最大工作频率 $f_T/$ MHz	用途
9011	NPN	400	50	0.03	150	28～198	370	通用管可用作功率放大
9012	PNP	625	−40	0.5	150	64～202	370	低噪声放大管
9013	NPN	625	40	0.5	150	64～202	370	低噪声放大管
9014	NPN	450	50	0.1	150	64～1 000	270	低噪声放大管
9015	PNP	450	−50	0.1	150	64～1 000	190	低噪声放大管
9016	NPN	400	30	0.025	150	28～198	620	低噪声高频放大管
9018	NPN	400	30	0.05	150	28～198	1 100	低噪声高频放大管
8050	NPN	1 000	25	1.5	150	60～300	190	通用功率放大管
8550	PNP	1 000	−25	1.5	150	60～300	200	通用功率放大管

2. MOSFET 三极管的主要参数

MOSFET 是一种电压控制型器件,其输入阻抗比 BJT 管高得多,可达到 $10^9 \sim 10^{15}$ Ω。下面以 N 沟道增强型和耗尽型 MOS 管为例介绍它们的主要参数。

(1) 开启电压 V_{TN} 或夹断电压 V_{PN}

开启电压 V_{TN} 是增强型 MOS 管的参数。当在 MOS 管的源极-漏极之间加一个固定电压值(约 10 V),使得漏极电流为一个微小电流(约 50 μA)时,栅源间的电压即为开启电压。

夹断电压 V_{PN} 是耗尽型 MOS 管的参数。当在 MOS 管的源极-漏极之间加一个固定电压值(约 10 V),使得漏极电流为一个微小电流(约 20 μA)时,栅源间的电压即为夹断电压。

(2) 饱和漏极电流 I_{DSS}

I_{DSS} 是耗尽型 MOS 管的参数,指在 $V_{GS}=0$ V 的情况下,V_{DS} 为一定值时的漏源电流。

（3）直流输入电阻 R_{GS}

在 $V_{DS}=0$ 的条件下，给 V_{GS} 一个定值，此时的栅源直流电阻就是直流输入电阻 R_{GS}。MOS 管的 R_{GS} 可达 $10^9 \sim 10^{15}\ \Omega$。

（4）低频互导（跨导）g_m

在 V_{DS} 加一固定电压，漏极电流的微变量和引起这个变化的栅源电压的微变量之比称为互导，即

$$g_m = \frac{\partial i_D}{\partial u_{GS}}\bigg|_{V_{DS}}$$

g_m 是表征 MOS 管放大能力的一个重要参数，单位为西门子（S），一般在零点几毫西门子到几毫西门子的范围内，特殊的可达 $100\ mS$，甚至更高。

（5）最大漏极电流 I_{DM}

I_{DM} 是管子正常工作时漏极电流的上限值。

（6）最大耗散功率 P_{DM}

MOS 管的耗散功率 P_D 等于 u_{DS} 和 i_D 的乘积，这些耗散在 MOS 管中的功率将变为热能，使管子温度升高。为了限制它的温度不升得太高，就要限制它的耗散功率不能超过最大数值 P_{DM}。显然，P_{DM} 受管子最高工作温度的限制。对于确定型号的 MOS 管，P_{DM} 是一个确定值。

（7）最大漏源电压 $V_{(BR)DS}$

$V_{(BR)DS}$ 是指发生雪崩击穿、i_D 开始急剧上升时的 u_{DS} 的值。

（8）最大栅源电压 $V_{(BR)GS}$

$V_{(BR)GS}$ 是指栅源间反向电流开始急剧增加时的 u_{GS} 的值。

除了以上参数外，还有极间电容等其他参数。几种 MOSFET 的典型参数如表 2.2.4 所示。

表 2.2.4 几种 MOSFET 的典型参数

参数名称	饱和漏极电流 I_{DSS} /mA	夹断电压或开启电压 V_{PN} 或 V_{TN}/V	低频互导 g_m/mS	极间电容		直流输入电阻 R_{GS}/Ω	最大漏源电压 $V_{(BR)DS}$ /V	最大栅源电压 $V_{(BR)GS}$ /V	最大耗散功率 P_{DM} /mW	最大漏极电流 I_{DM} /mA	管子类型
				C_{GS} /pF	C_{GD} /pF						
2N7000	0.001	0.8～3	100($I_D=$ 200 mA)	60	5		60	±20	350	500	N 沟道增强型
VN2222LL	0.01	0.6～2.5	100($I_D=$ 500 mA)	60	5		60	±20	400	750	N 沟道增强型
BSS92	−0.0002	−2.8～ −0.8	100($I_D=$ −100 mA)	65	6		−240	±20	1 000	−600	P 沟道增强型
3D06B		＜3				≥10^9	20	20	100		N 沟道增强型

续表

参数名称	饱和漏极电流 I_{DSS}/mA	夹断电压或开启电压 V_{PN}或V_{TN}/V	低频互导 g_m/mS	极间电容		直流输入电阻 R_{GS}/Ω	最大漏源电压 $V_{(BR)DS}$/V	最大栅源电压 $V_{(BR)GS}$/V	最大耗散功率 P_{DM}/mW	最大漏极电流 I_{DM}/mA	管子类型
				C_{GS}/pF	C_{GD}/pF						
3C01B		$-6\sim-2$				$10^8\sim 10^{11}$	$\geqslant15$	20	100		P 沟道增强型
3D01F	$1\sim3.5$	>-4				10^9	20	40	100		N 沟道耗尽型

3. 三极管的封装

三极管的封装形式多种多样,有通孔封装式的,也有表面贴装式的,而且表面贴装式的应用越来越广泛。但是对于某些三极管类型,特别是当需要把器件安装在某种散热器上时,通孔封装仍然是唯一可行的方法。图 2.2.11 给出了一些常见的通孔封装的示例,图 2.2.12 给出了一些表面贴装的示例。

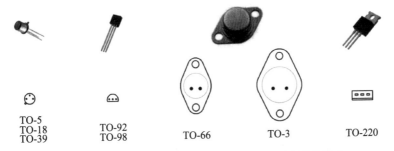

TO-5
TO-18　　　TO-92　　　TO-66　　　TO-3　　　TO-220
TO-39　　　TO-98

图 2.2.11　常见通孔封装式三极管的外观及对应封装形式

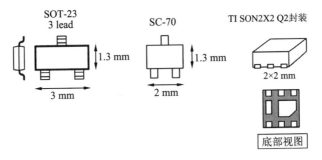

图 2.2.12　常见表面贴装式三极管的外观及对应封装形式

图 2.2.13 给出了一些常见的 BJT 三极管的管脚与封装之间的对应关系。这里仅给出了个别三极管的管脚对应关系,但千万不要认为所有的三极管都是按照这种管脚对应关系来设计的。如果可能,请务必参阅数据手册,了解器件的实际连接。通常,在购买器件时,在包装上会有连接图。

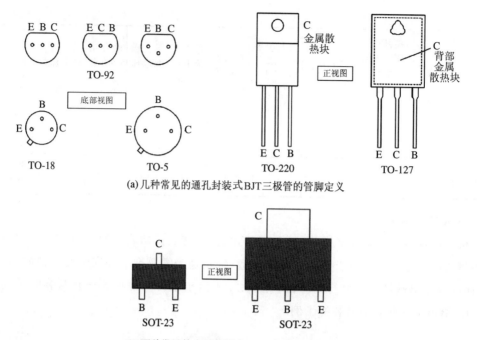

(a) 几种常见的通孔封装式 BJT 三极管的管脚定义

(b) 两种常见的表面贴装式 BJT 三极管的管脚定义

图 2.2.13　几种常见的 BJT 三极管的管脚对应关系

2.2.3　集成电路

集成电路是采用半导体制作工艺,在一块较小的单晶硅片上制作许多晶体管及电阻器、电容器等元器件,并按照多层布线或隧道布线的方法将各元器件组合成完整的电子电路。它在电路中用字母"IC"表示(Integrated Circuit)。

1. 集成电路的分类

集成电路的分类形式有很多。

(1) 集成电路按其功能、结构的不同分类

集成电路按其功能、结构的不同,可以分为模拟集成电路、数字集成电路及数模混合集成电路。模拟集成电路用来产生、放大和处理模拟信号(指幅度随时间连续变化的信号,如半导体收音机的音频信号、电视机的视频信号等),可分为线性集成电路及非线性集成电路。线性集成电路是指输入、输出信号呈线性关系的电路,如各类运算放大器(uA741、LM324 等)。输出信号不随输入信号呈线性变化的电路称为非线性集成电路,如调幅用的 BG314、稳压用的 CW7805 等。

数字集成电路由若干个逻辑电路组成,用来产生、处理各种数字信号(指在时间上和幅度上离散取值的信号,如以 MP3、MP4 格式存储的音频信号和视频信号等)。以二极管、双极型晶体三极管为核心器件制作的数字集成电路称为 TTL 电路,常见的 TTL 集成电路型号有 74××、74LS××、54×× 等系列;以 MOS 场效应管为核心制作的数字集成电路称为 CMOS 电路,常见的 CMOS 集成电路型号有 40××、4××、74HC×× 等系列。

数模混合集成电路是指输入模拟或数字信号,而输出为数字或模拟信号的集成电路,在电路内部一部分为模拟信号处理,另一部分为数字信号处理。常见的各类 A/D、D/A 转换器,如 ADC0809、DAC0832,定时电路 NE555、NE556 等就是数模混合集成电路。

（2）集成电路按集成度高低的不同分类

集成电路按集成度高低的不同可分为小规模集成电路、中规模集成电路、大规模集成电路和超大规模集成电路。

（3）集成电路按用途分类

集成电路按用途可分为电视机用集成电路、音响用集成电路、计算机用集成电路、通信用集成电路、照相机用集成电路、遥控用集成电路等各种专用集成电路。

（4）集成电路按制作工艺分类

集成电路按制作工艺可分为半导体集成电路及混合集成电路。

2. 集成电路的主要参数

（1）电源电压

电源电压是指集成电路正常工作时所需的工作电压。

（2）耗散功率

耗散功率是指集成电路在标称的电源电压及允许的工作环境温度范围内正常工作时所输出的最大功率。

（3）工作环境温度

工作环境温度是指集成电路能正常工作的环境温度极限值或温度范围。

3. 半导体集成电路外形结构和引脚排列

（1）半导体集成电路的外形结构

半导体集成电路的外形结构大致有三种:圆形金属外壳封装、直插式封装、扁平形外壳封装。

圆形外壳采用金属封装,根据内部电路结构不同可引出 8、10、12 根等多种,一般早期的线性集成电路采用这种封装形式,目前已很少采用。

直插式集成电路一般采用塑料封装,根据形状又分为双列直插式和单列直插式两种。这种封装工艺简单,成本低,引脚强度大,不易折断。这种集成电路可以直接焊在印制电路板上,也可用相应的集成电路插座焊装在印制电路板上,再将集成电路块插入插座中,随时插拔,便于测试和维修。这是在电子实验课中经常使用的集成电路封装形式。图 2.2.14 给出了双列直插式封装 DIP 系列封装的尺寸。

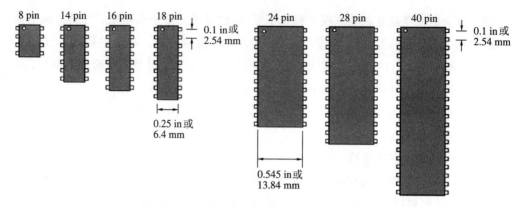

图 2.2.14　**双列直插式封装 DIP 系列封装的尺寸**

　　高集成度的贴片式集成电路多采用扁平形外壳,采用陶瓷或塑料封装。扁平型外壳封装的集成电路型号有很多种,芯片的规模有大有小,焊接难度也有所不同。图 2.2.15 给出了几种不同规模的贴片封装类型,其中 SOP 16 是小规模集成电路,QFP 44 是中等规模集成电路,QFP 144 是大规模集成电路。

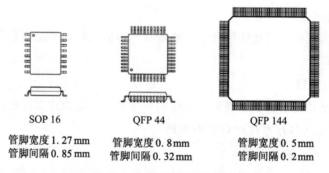

图 2.2.15　**几种不同规模的贴片封装**

　　小规模的表面封装集成电路常使用 SOIC 系列。SOIC(Small Outline Integrated Circuit)封装即小外形集成电路封装,指外引线数不超过 28 条的小外形集成电路,通常 DIP 系列封装的集成电路也会提供 SOIC 系列的封装,它们的管脚都是排成双列的。表 2.2.5给出了 SOIC 系列中的若干具体封装的尺寸。

表 2.2.5　**SOIC 系列中若干具体封装的尺寸**

封装名称	芯片宽度/mm	管脚宽度/mm
SO	3.97	1.27
SOM	5.6	1.27
SOP	7.62	1.27
SOL	7.62	1.27
VSOP	7.62	0.65
SSOP	5.3	0.65
QSOP	3.97	0.65

除此之外,还有很多封装类型没有涉及,这些知识在"电子线路 CAD"这门课程中有着更详细的介绍,这里不再赘述。

除了上面所讲到的三种外形结构外,还有一种软封装,这是一种直接将芯片封在印制电路板上的形式,它的特点是造价低,主要用于低价格民用产品,如玩具 IC 等。

（2）半导体集成电路的引脚排列

集成电路的常见封装为扁平和双列直插两种方式,使用时必须确定器件的正方向。如图 2.2.16 所示,集成电路的正方向是以印有器件型号字样为标志,使用者观察字是正的则为正方向。图 2.2.16(a) 所示芯片正面的缺口标志置于使用者左侧时,这时器件的左下角的管脚为第一脚,依次逆时针方向读数。图 2.2.16(b)、(c) 的两个芯片的正方向上有一个圆点,以圆点下方(或左方)的管脚为序号 1 的管脚,依逆时针方向读数即可确定各个管脚。

在使用不熟悉的器件时一定要查阅器件的数据手册,了解其封装和引脚功能,并对该器件按照其功能进行校验,校验结果是正确的,集成电路才能使用,否则电路不能正常工作。

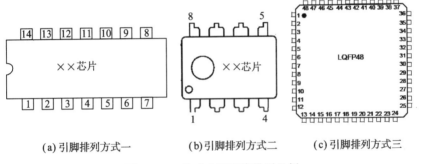

(a)引脚排列方式一　　(b)引脚排列方式二　　(c)引脚排列方式三

图 2.2.16　集成电路引脚排列示例

4. 数字集成电路使用注意事项

（1）TTL 电路使用注意事项

• 电源电压为＋5 V,允许偏离±10％使用;电源纹波尽量小,稳定性高。

• 不用的输入端不能空置,对于输入端是与门的电路,要接高电平(通过一个几千欧电阻接电源正端);对于输入端是或门的电路,要接低电平(接地)。

• 如果输入端数目不够用,可通过多块逻辑门电路级联的方式加以扩展,以增加输入端数目。

• 如果输出端所带负载多,输出电流不够,可选用驱动器。

• 电路导通功耗的大小和电路的形式有密切关系。一般来说,开关速度高的电路导通功耗也大。因此,在大量使用 TTL 集成电路芯片时,不应随意提高开关速度等级,以免增加整机的功耗。

• 和其他电路或器件连接时,注意电压和阻抗的匹配。

（2）CMOS 电路使用注意事项

• CMOS 电路可以在很宽的电源电压范围内提供正常的逻辑功能,这就是说,使用不稳定的电源也能工作,对电源滤波的要求也是很低的;但其上限电压不得超过电路允许的电压极限值,其下限电压不得低于保证系统速度所必需的电源电压最低值。

- CMOS 电路直流噪声容限的保证值是电源电压的 40%,因此输入低电平在 V_{SS} 和 $0.4V_{DD}$ 之间,输入高电平应在 V_{DD} 和 $0.6V_{DD}$ 之间。输入信号电压高电平的极限值是 $V_{DD}+0.5$ V,低电平的极限值是 $V_{SS}-0.5$ V,超出极限值,电路可能损坏。

- 每个输入端输入电流以不超过 1mA 为佳,以免损坏 CMOS 电路输入端的保护二极管。

- CMOS 电路的输入端不允许悬空,对于多余的输入端,与门和与非门的输入端应接至 V_{DD} 或高电平,而或门和或非门的输入端应与 V_{SS} 或低电平相连。

- 为了防止 CMOS 电路输入端的静电击穿,通常在每个输入端上都加有二极管保护网络,这种保护网络只对 1 kV 左右的静电和几伏的干扰脉冲尖峰有钳位保护作用。实际上,周围环境往往能产生相当高电位的静电,故在存放、运输和使用中需采取适当的预防措施。

- CMOS 电路电流负载能力低,在设计安装过程中应尽量减小容抗性负载。

5. 集成电路的使用常识

使用集成电路前首先必须弄清楚其型号、用途、各引脚的功能,正负电源及地线不能接错,否则有可能造成集成电路永久性损坏。

集成电路正常工作时应不发热或微发热,若集成电路发热严重、烫手或冒烟,应立即关掉电源,检查电路接线是否有错误。

拔、插集成电路时必须均匀用力,最好使用专用集成电路拔起器,如果没有专用拔起工具,可用平口的螺丝起子或者镊子在集成电路的两头小心均匀地向上撬起。插入集成电路时,注意每个引脚都要对准插孔,然后平行用力向下压。

带有金属散热片的集成电路,必须加装适当的散热器,散热器不能与其他元器件或机壳接触,否则可能会造成短路。

2.3 电路通断控制器件

在电路设计中,我们经常需要对电路的导通和断开进行控制,这就要用到一些易于快速控制电路通断的器件。连接器、开关和继电器是我们常用的控制电路通断的器件。

2.3.1 连接器

电气连接可以通过焊接或插接的方式实现。一般情况下,在同一块电路板上,不同的元件通过电路板的铜箔及焊接的方式完成了电气连接。但很多时候,为了便于生产时的组装或将来的维修,不同模块之间通过连接器来完成电气连接。连接器也被称为"接插件",一般由插头和插座两部分组成。插头和插座内部的金属部件紧密接触,保证了良好的电气连接。因此,在生产的时候,不同模块可以单独生产及测试,而到组装时候,可以直接用接插件将这些功能模块快速地连接起来。另外,如果产品出现故障,也可以用插拔的方式快速更换电路模块。

1．电子产品的连接方式

电子产品中常有以下几类连接方式:

(1) PCB 模块与 PCB 模块的连接

在这种连接方式下,不同模块的 PCB 直接通过 PCB 上的插座连接起来,因此这种连接都属于硬性连接,即连接上以后,被连接的两个器件之间是不能移动的。例如,电脑中的内存及扩展卡等都属于此类连接,如图 2.3.1 所示。

图 2.3.1 电脑扩展卡插槽

(2) PCB 模块与导线的连接

这是电子设备内部最常用的一种电气连接(图 2.3.2)。PCB 通过插座与导线连接,而导线的另一头又可以与其他器件连接。通过此种方式,把不同的 PCB 模块通过导线连接起来。因为导线都是柔性的,所以用此种方式连接的不同模块之间位置可以相对变化。安装时灵活性较高。

图 2.3.2 PCB 模块与导线的连接

（3）导线与导线的连接

在有些情况下，两个需要连接的设备对外的连接接口都是线缆型端口，这种方式就属于导线与导线的连接（图 2.3.3）。我们平常用到的 USB 延长线、串口延长线都属于此类连接。

图 2.3.3　导线与导线的连接

（4）导线与面板插座的连接

有些设备操作面板的插座并不是直接固定在电路板上，而是通过螺丝、螺母或卡簧的方式固定在设备的操作面板上，然后再用导线将插座与 PCB 相应电路相连。而设备外部，则通过带导线的插头与其他设备相连接。台式电脑使用的有线鼠标、键盘等都是通过 USB 插头与电脑前面板的 USB 插座连接的（图 2.3.4）。

图 2.3.4　面板插座

（5）PCB 与电子元件的连接

对于一些直插式的芯片，可以在 PCB 上先焊接一个具有相同封装的集成芯片插座，然后在断电的情况下将集成芯片插入 IC 插座。这样集成芯片就通过该插座与 PCB 连接，使用 IC 插座可以防止初学者因为焊接时间过长而导致集成芯片损坏。在芯片容易损坏的场合使用 IC 插座，也可以帮助使用者快速地更换芯片。图 2.3.5 为一些常见的 IC 插座。

图 2.3.5　各种集成块插座

2. 选用连接器的注意点

设计产品时,选用连接器也有一些注意点。

① 选择连接器的时候需要注意触点所需通过的电流的大小。需要确保通过连接器的电流不会超过其额定电流,否则在大电流通过时,触点会发热,严重时甚至会引起火灾。另外,如果通过连接器触点的电流长期超过额定电流,会使触点处电阻增大,造成接触不良。

② 连接器分为公头(触点为针形)和母头(触点为孔型),它们一般配对使用。一般情况下,输出端的接头选择母头,输入端的接头选择公头,因为母头触点周围都有绝缘物包裹,可以防止金属物碰到触点时短路。

③ 当电路板上有许多个同类型的插座时,要尽量避免使用引脚数相同的插座,这样可以防止不同插座的线插错位置。

2.3.2　开关

开关是在电路设计中使用频率很高的无源器件,可以通过人力改变触点的状态,实现电源或信号的通断和切换。

1. 开关的分类

开关按结构类型来分一般有旋转开关、按钮开关、钮子开关、滑动开关和双列拨码开关等。虽然各类型的开关应用场合不同,但开关都有一些共同点。我们平常说到开关时经常会说"单刀双掷"(Single Pole Single Throw, SPST)、"双刀双掷"(Double Pole Double Throw, DPDT)等,这又分别代表什么意思呢? 所谓"刀"是指开关的活动触点,而"掷"指的是静止触点。图 2.3.6 为不同"刀"和"掷"的开关的电路符号。

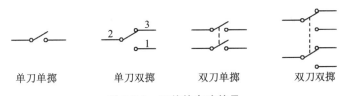

|单刀单掷|单刀双掷|双刀单掷|双刀双掷|

图 2.3.6　开关的电路符号

在电气图中可以看出,"双刀"开关的两组"刀"是用虚线连接起来的,代表着这两组"刀"是同时活动的。

2. 开关的主要参数

(1) 额定电流

额定电流是指开关正常工作时允许通过的最大连续电流。在交流电路中,电流是指有效值。这是选择开关的一个重要参数。

(2) 额定电压

额定电压是指开关正常工作状态下可以承受的最大电压。在交流电路中,额定电压是指电压的有效值。

（3）接触电阻

接触电阻是指开关导通时两个触点间的电阻值，该阻值越小越好，一般在几十毫欧以下。

（4）绝缘电阻

绝缘电阻是指开关的导体部分与绝缘部分的电阻值，该阻值越大越好，一般处于兆欧数量级。

（5）机械寿命

机械寿命是指开关在正常工作条件下的使用次数，一般小电流开关的机械寿命都在几万次以上，而大电流开关的机械寿命则只有几千次。

3. 常用开关

表 2.3.1 为一些常用的开关。

表 2.3.1　几种常用的开关

名称	外形	特点	应用
微型按键开关		体积小、操作方便	微小型仪器仪表电路切换，有带自锁和不带自锁两种类型
轻触开关		体积小、质量轻、寿命长	键盘、鼠标等按键
双列拨码开关		体积小，安装方便	不需要经常动作的数字电路切换
钮子开关		面板圆孔安装，用螺母固定	小型电源开关及电路切换

名称	外形	特点	应用
船型开关		嵌卡式安装,操作方便	一般电气设备的电源开关
按键开关		面板安装,轻触式操作	工业用电器及仪表仪器电源控制开关
拨动开关		结构简单,价格低	收音机、录音机等小型电器
旋转拨码开关		"刀"和"掷"有多种组合,安装方便	仪器仪表等电子设备电路转换
薄膜开关		集成度高,可将开关、指示灯、面板集成一体	各种仪器仪表及电气的控制面板开关

2.3.3 继电器

继电器可以看作是电力驱动的开关,是自动控制中常用的一种电子元件,其利用电磁原理或其他方法实现接通或断开一组接点,完成对电路的控制。继电器在电路中主要起到自动控制、安全保护、控制大电流和组成逻辑电路等作用。

手动开关通过手动操作来控制电路的通断与切换。在有些场合,我们需要用一个回路去控制另外一个回路的通断,而且在这个控制过程中,两个回路一般是隔离的,这时就需要用到继电器。

1.电磁继电器的内部结构

电磁继电器一般由铁芯、电磁线圈、衔铁、复位弹簧、触点、支座及引脚等部分组成,如

图 2.3.7 所示。继电器的触点有常开触点（NO, Normal Open）和常闭触点（NC, Normal Close），还有一个公共端（COM）。

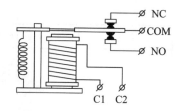

图 2.3.7　电磁继电器的内部结构

2. 电磁继电器的工作原理

电磁继电器主要利用电磁感应原理工作。当继电器线圈未通电时，衔铁在弹簧的作用下处于初始状态，常开触点断开，常闭触点导通。当给继电器线圈通电后，线圈产生磁场，线圈中间的铁芯被磁化，产生磁场力，从而吸引衔铁并带动簧片，使得常开触点导通，常闭触点断开。

3. 电磁继电器的驱动电路

普通小型继电器线圈的工作电流一般为几十毫安，普通单片机或数字电路是无法提供足够的电流来驱动继电器的，因而需要增加一个驱动电路。一般可以使用一个三极管配合电阻和二极管来驱动小型继电器，如图 2.3.8 所示。

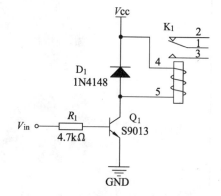

图 2.3.8　电磁继电器的驱动电路

当控制信号 V_{in} 为低电平时，三极管截止，继电器 K_1 的线圈中没有电流流过，继电器的公共端 1 脚与常闭端 2 脚导通。当控制信号 V_{in} 为高电平时，三极管饱和导通，控制电流通过继电器 K_1 线圈，继电器吸合，公共端 1 脚和常开端 3 脚导通。二极管 D_1 为续流二极管，若没有该二极管，则当 Q_1 由导通变为截止时，电流突变，线圈两端会产生较大的反向电动势，有可能会击穿三极管 Q_1。当加了二极管 D_1 后，三极管转为截止时，继电器线圈内的电流可以通过二极管 D_1 流回线圈另一端并逐渐减小到零，避免了反向电动势的产生。

4. 固态继电器

固态继电器（Solid State Relay, SSR）是一种全部由固态电子元件组成的无触点开关器件，它利用电子元件（如开关三极管、双向可控硅等半导体器件）的开关特性，可达到无触点无火花地接通和断开电路的目的（图 2.3.9）。固态继电器的控制端和负载端相互隔离，在控制端输入微小的信号，可以直接驱动大电流负载。

图 2.3.9　固态继电器

固态继电器相较于电磁继电器有寿命高、转换快速、控制功率小、电磁兼容性好等优点。不过固态继电器的导通电阻比电磁继电器的导通电阻要大，同时固态继电器关断后还会存在微小的漏电流，无法像电磁继电器一样完全关断。另外，由于固态继电器导通压降大，在负载电流增大的情况下，其自身功耗也会增加，导致温度升高。因而对于大功率固态继电器，需要采取必要的散热措施。

2.4　传 感 器

传感器(Sensor)是一种检测装置,能感受到被测量的信息,并能将感受到的信息按一定规律变换成为电信号或其他所需形式的信息输出,以满足信息的传输、处理、存储、显示、记录和控制等要求。

2.4.1　传感器的分类和组成

传感器的存在和发展,让物体有了触觉、味觉和嗅觉等功能,它是实现自动检测和自动控制的首要环节。根据其基本感知功能,可分为热敏元件、光敏元件、气敏元件、力敏元件、磁敏元件、湿敏元件、声敏元件、放射线敏感元件、色敏元件和味敏元件十大类。

传感器一般由敏感元件、转换元件、信号调理转换电路三部分组成,有时还需外加辅助电源提供转换能量,如图 2.4.1 所示。敏感元件是指传感器中能直接感受或响应被测量的部分;转换元件是指传感器中能将敏感元件感受或响应的被测量转换成适合于传输或测量的电信号部分。由于传感器输出信号一般都很微弱,因此传感器输出的信号一般需要进行信号调理与转换、放大、运算与调制之后才能进行显示和参与控制。

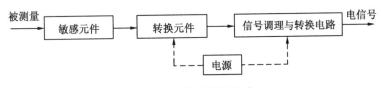

图 2.4.1　传感器的组成

2.4.2　温度传感器

温度传感器分为接触式温度传感器和非接触式温度传感器两种。接触式温度传感器通过传导或对流达到热平衡,使传感器温度与被测物一致,达到测温的目的;非接触式温度传感器与被测对象不接触,通过测量物体的辐射来完成温度测量。

热电偶和热敏电阻是两种常用的接触式温度传感器。

1. 热电偶

热电偶(Thermal Couple)是温度测量中最常用的传感器 (图 2.4.2)。其主要好处是温度测量范围宽并能适应各种大气环境,结实可靠,价格低廉,并且无须供电。热电偶由两条不同金属线熔接在一起构成,当热电偶熔接端受热时,两条金属线之间就产生了电势差。测量该电势差,就可用来计算温度。

常用热电偶可分为标准热电偶和非标准热电偶两大类。所谓标准热电偶,是指国家标准规定了其热电势与温度的关

图 2.4.2　热电偶

系、允许误差并有统一的标准分度表的热电偶,它有与其配套的显示仪表可供选用。非标准热电偶在使用范围或数量级上均不及标准热电偶,一般也没有统一的分度表,主要用于某些特殊场合的测量。

2. 热敏电阻

热敏电阻(Thermistor)是一种温度敏感电阻,其电阻值随着温度的变化而变化(图 2.4.3)。按照温度系数不同,热敏电阻可分为正温度系数(Positive Temperature Coefficient,PTC)热敏电阻和负温度系数(Negative Temperature Coefficient,NTC)热敏电阻两种。正温度系数热敏电阻的电阻值随温度的升高而增大,负温度系数热敏电阻的电阻值随温度的升高而减小,它们同属于半导体器件。

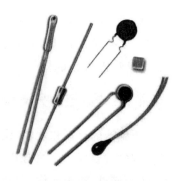

图 2.4.3　热敏电阻

热敏电阻主要有如下特点:

① 灵敏度较高,其电阻温度系数要比金属大 10～100 倍或更多。

② 工作温度范围宽,常温器件适用于 $-55\ ℃\sim315\ ℃$,高温器件适用于 $315\ ℃\sim2\ 000\ ℃$,低温器件适用于 $-273\ ℃\sim-55\ ℃$。

③ 体积小,能够测量其他温度计无法测量的空隙、腔体及生物体内血管的温度。

④ 使用方便,电阻值可在 0.1～100 kΩ 间任意选择。

⑤ 易加工成复杂的形状,可大批量生产。

⑥ 稳定性好、过载能力强。

2.4.3　声音传感器

声音传感器主要是麦克风(Microphone),麦克风的种类很多,若按换能原理,可分为电容式、压电式、驻极体式、动圈式及碳粒式等。现在应用最广的是动圈式和驻极体式两大类。

1. 动圈式麦克风

动圈式麦克风在结构上与动圈式扬声器相似,由磁铁、铁芯、音圈、振膜和外壳等部分构成。图 2.4.4 为动圈式麦克风及其内部结构。动圈式麦克风频率范围一般为 200～5 000 Hz,有坚固耐用、工作稳定等特点,适用于语言、音乐扩音和录音等场合。

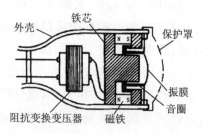

图 2.4.4　动圈式麦克风及其内部机构

当对着话筒说话或唱歌时,人说话产生的振动通过空气传播到膜片,使得与膜片相连的音圈跟着一起振动。音圈在磁场中的运动能够产生随声音变化而变化的电流,从而实现了将声音信号转换为电信号的功能。

2. 驻极体式麦克风

驻极体式麦克风俗称"咪头",通常由声电转换和阻抗转换两部分组成。声电转换的关键元件是驻极体振动膜。它是一片极薄的塑料膜片,在其中一面镀上一层导电薄膜。然后再经过高压电场驻极后,两面分别驻有异性电荷。当驻极体式膜片遇到声波振动时,引起膜片间的电场发生变化,从而产生了随声波变化而变化的交变电压。但该电压信号幅值极小,且电路的输出阻抗很高,无法直接与后面的电路相连接,必须加入阻抗变换器。通常用一个专用的场效应管和一个二极管复合组成阻抗变换器。图 2.4.5 为驻极体式麦克风及其内部电路。驻极体式麦克风具有体积小、电声性能好、价格低廉等优点,被广泛应用于电话机、无线话筒等电路中。不过驻极体式话筒仅适用于中频及高频段,且随着使用年限的增加,声音转换效果会变差。

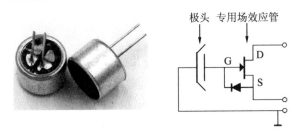

图 2.4.5　驻极体式麦克风及内部电路

2.4.4　位移传感器

位移传感器用于感应其与物体间的距离。当位移传感器测量的行程范围比较大时,通常又被称为距离传感器。位移传感器也分为接触式位移传感器和非接触式位移传感器两种类型。接触式有电阻式、电容式、电感式等位移传感器,此外,旋转编码器、磁性尺、光栅尺也可以归为接触式位移传感器。而非接触式位移传感器有激光位移传感器、超声波位移感应器、红外线位移传感器等。

1. 电阻式位移传感器

电阻式位移传感器是一种应用较早的传感器,其结构简单、线性和稳定性较好。电阻式位移传感器实际上就是一个滑动变阻器(图 2.4.6)。测量头的一端与滑动变阻器的滑动端固定在一起。当测量头移动时,带动变阻器滑动端移动而引起电阻的变化。该滑动变阻器在电路中可以作为一个分压器使用,通过测量移动端的电压值并通过相应的换算即可得到位移值。

图 2.4.6　电阻式位移传感器

2. 超声波位移传感器

测量范围比较大的位移传感器一般采用激光、超声波、红外线等方式来测量。其测量原理基本相同,此处以超声波位移传感器为例介绍一下。传感器包含一个超声波发射器和一个超声波接收器。发射器间断性地发出超声波脉冲,到达待测物体后反射回到接收器,配合单片机可以很方便地测出两者之间的时间差。用该时间差乘以声速,就可以计算出超声波经过的路程,而该路程即为待测距离的两倍。

由于声速的大小与温度有关,因此,如果需要提高测量精度,还需要对测量环境温度做一定的补偿。现在很多超声波测距已经做成了测量模组,如图 2.4.7 所示。该模组内置了一块单片机及信号产生和接收电路,使用起来非常方便。测量时,只要给测量模组发出一个触发信号,即可收到一个宽度为上述时间差的脉冲信号。通过测量该脉冲的宽度,即可计算出距离。

图 2.4.7　超声波位移测量模组

2.4.5　压力传感器

压力传感器是工业实践中最为常用的一种传感器,其广泛应用于各种工业环境,涉及水利水电、铁路交通、智能建筑、生产自控、航空航天等众多行业。

压力传感器的种类繁多,如压阻式压力传感器、半导体应变片压力传感器、电感式压力传感器、电容式压力传感器等。但应用最为广泛的是压阻式压力传感器,它具有极低的价格、较高的精度及较好的线性度。下面介绍这类传感器。

电阻应变片是压阻式压力传感器的主要组成部分之一(图 2.4.8)。电阻应变片是一种将被测件上的应变变化转换成为电阻变化的敏感器件。使用时,通过黏和剂将应变片紧密地黏合在产生力学应变的基体上。当基体受力发生形变时,电阻应变片也一起产生形变,从而使应变片的阻值发生改变。这种应变片在受力时产生的阻值变化通常较小,一般将应变片组成惠斯通电桥测量电路,并将电阻变化引起的电压变化通过仪表放大后测出。

惠斯通电桥是由四个电阻组成的电桥电路,这四个电阻分别叫作电桥的桥臂,惠斯通电桥可以利用电阻的变化来测量物理量的变化,是一种精度很高的测量方式,其电路如图 2.4.9所示。电路中,电阻 R_1,R_2,R_3 均为固定值,R_x 电阻可变。驱动电压 V_s 加在电桥的 A,C 两端,当 R_x 变化时,B,D 两端的电压差也会相应地发生变化。通过检测 B,D 两端的电压差,即可计算出电阻 R_x 的变化量。

图 2.4.8　电阻应变片

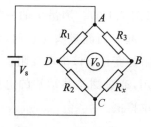

图 2.4.9　惠斯通电桥

在实际应用中,R_x 即为贴附在会发生形变基体上的应变片,当压力变化时,该电阻值会发生变化。R_1,R_2,R_3 也会使用相同型号的应变片,但会贴在不发生形变的基体上。这样可以使得电桥的四个电阻的阻值接近,便于电桥的调零。又因为它们是同种材料,四个电阻的温度系数相同,从而消除了温度对测量精度的影响。

2.4.6 光电传感器

光电传感器是将光信号转换为电信号的一种器件,其工作原理基于光电效应。光电效应是指当光照射在某些物质上时,物质的电子吸收光子的能量而发生了相应的电效应现象。根据光电效应现象的不同,可将光电效应分为三类:外光电效应、内光电效应及光生伏特效应。光电器件有光敏电阻、光敏二极管、光敏三极管、光电管、光电倍增管、光电池等。

1. 光敏电阻

光敏电阻(Photoresistor)是用硫化镉或硒化镉等半导体材料制成的特殊电阻(图 2.4.10),其工作原理是基于内光电效应。光照愈强,阻值就愈低,随着光照强度的升高,电阻值迅速降低,其电阻值可小至 1 kΩ 以下。光敏电阻对光线十分敏感,其在无光照时,呈高阻状态,暗电阻一般可达 1.5 MΩ。光敏电阻器对光的敏感性(即光谱特性)与人眼对可见光(0.4~0.76 μm)的响应很接近,只要是人眼可感受的光,都会引起它的阻值变化。

图 2.4.10　光敏电阻

光敏电阻除了具有灵敏度高、反应速度快、光谱特性一致性好等特点外,在高温、多湿的恶劣环境下,还能保持高度的稳定性和可靠性,可广泛应用于照相机、迷你小夜灯、光声控开关、路灯自动开关及各种光控玩具等领域。

2. 光敏三极管

光敏三极管(Phototransistor)也称作光电三极管(图 2.4.11)。它相当于一个在三极管的基极和集电极之间接入了一只光电二极管的三极管,光电二极管的电流相当于三极管的基极电流。因为其具有电流放大作用,光电三极管比光电二极管灵敏得多,在集电极可以输出很大的光电流。光敏三极管最大的特点是输出电流大,可以达到毫安级,但响应速度比光电二极管慢得多,温度效应也比光电二极管大很多。

图 2.4.11　光敏三极管

光电三极管有塑封、金属封装(顶部为玻璃镜窗口)、陶瓷、树脂等多种封装结构,引脚分为两脚和三脚型。一般两个管脚的光电三极管,管脚分别为集电极和发射极,而光窗口则为基极。

当无光照射时,光电三极管处于截止状态,无电信号输出。当光信号照射光电三极管的基极时,光电三极管导通,首先通过光电二极管实现光电转换,再经由三极管实现光电流的放大,从发射极或集电极输出放大后的电信号。

3. 光敏元件的应用

用光电元件作敏感元件的光电传感器,种类繁多,用途广泛。按光电传感器的输出量性质,可分为两类:① 把被测量转换成连续变化的光电流而制成的光电测量仪器,如测量光强的照度计、预防火灾的光电报警器等。② 利用光电元件在受光照或无光照时"有"或"无"电信号输出的特性制成的各种光电开关,如图 2.4.12 所示。

照度计   光电开关

图 2.4.12　照度计和光电开关

2.5　指示器件

指示器件的作用是将电路的状态或要传输的信息通过这个器件展示给用户,展示的方式可以是视觉或听觉的方式。若以视觉方式展示,就需要用到各种显示器件,如发光二极管 LED(Light Emitting Diode)显示器、液晶 LCD(Liquid Crystal Display)显示器、CRT(Cathode Ray Tube)显示器等;若以听觉方式展示,就需要用到各种发声设备,如蜂鸣器(Buzzer)、喇叭(Speaker)等。本节将从这些指示器件中选取两个简单常用的指示器件如数码管、蜂鸣器来进行介绍。

2.5.1　数码管

1. 数码管的外观和结构

LED 数码管由若干个发光二极管构成,是按照一定的图形及排列封装在一起的显示器件。LED 数码管按照其显示的位数有一位、两位、两位半、三位、三位半等。数码管中发光二极管的排列可以是"8"字形,也可以是"米"字形,很显然,"米"字形排列比"8"字形排列组合方式更多,可以显示的内容也更丰富,但管脚也会更多。

图 2.5.1 给出了一位"8"字形数码管的外观及对应管脚排列。这种类型的数码管由 7 个 LED 构成 7 笔字形,1 个 LED 构成小数点。图中给出的是共阴极的数码管,这也就是说管中所有的 LED 的阴极是连在一起的。所以,对于共阴极的数码管,公共端接低电平,只需在各段的控制管脚加上一个高电平,就可以显示相应的数字、字母或符号。

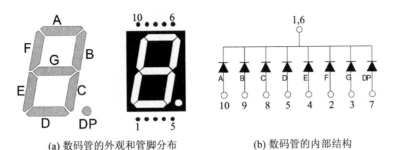

(a) 数码管的外观和管脚分布　　　(b) 数码管的内部结构

图 2.5.1　**"8"字形数码管的外观与内部结构**

　　数码管除了有一位显示外,还有多位显示,这里要特别提到半位显示。所谓半位显示,就是指该位不能显示完整的"0"至"9"这十个数字,而只能显示部分数字。即该位数字不是由正常的 7 个 LED 组成,而是只由两个 LED 组成,通常只能显示数字"1"。对于多位显示的情况,不同型号的数码管会有所区别。以两位数码管为例,图 2.5.2 给出了不同管脚个数的两位数码管的内部结构。图 2.5.2(a)中的两个显示位是完全独立的,可以独立控制;图 2.5.2(b)中两个显示位的控制管脚是共用的,有着不同的公共端,在显示其中某一位时,不仅需要选择相应段位的控制管脚为高电平,还需要通过让对应的显示位的公共端接低电平来点亮该位。

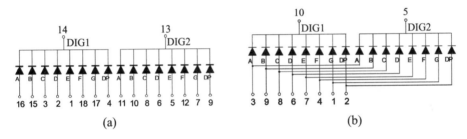

图 2.5.2　**"8"字形两位数码管的内部结构**

　　图 2.5.3 给出了一位"米"字形数码管的外观及对应管脚排列。从图中可以看出,数码管由 17 个 LED 构成。同样,这也是一个共阴极接法的数码管。

　　在这里有两点说明:

　　① 如果使用的是共阳极接法的数码管,数码管中所有 LED 的阳极接在一起,要点亮这样的数码管,公共端则应该接高电平,控制管脚上加低电平才能点亮。

　　② 数码管的外观相同,但管脚定义不一定相同。图中给出的只是某一种数码管的管脚定义。在使用数码管进行电路设计前务必要查阅该型号数码管的数据手册,确定管脚定义,以防电路连线错误。

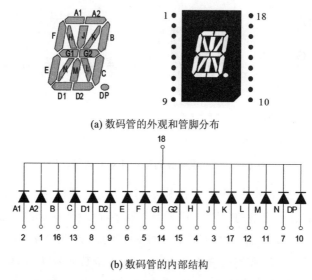

(a) 数码管的外观和管脚分布

(b) 数码管的内部结构

图 2.5.3 "米"字形数码管的外观和内部结构

2. 数码管的驱动

点亮 LED 需要的电流比一般电压控制器件需要的电流大,所以可能会需要用到电流驱动器。

由于数码管显示数字、字符等,需要控制不同段位的 LED 的亮灭,所以不同的显示内容就对应着 a 至 g 管脚不同的输入电平,被称为七段码。数码管常用来显示数字,而数字在电路中使用的是二进制编码,和七段码不一致,这就需要进行译码。这里介绍一种带驱动功能的七段译码器集成芯片 CC4511。

CC4511 是一个 CMOS 集成芯片,具有锁存、七段译码、驱动三合一功能,其外部功能图如图 2.5.4 所示。它可把输入的 BCD 数码(数字 0 到数字 9 的二进制编码)显示为相应的数字,而其所驱动的 LED 数码管应是共阴极的数码管,当管脚 LE 为高电平时,可使显示固定,不会随后来的 BCD 数码的状态改变而改变,因而它具有锁存功能。此外,管脚$\overline{BI}$为低电平时显示消隐,管脚$\overline{LT}$为低电平时显示全亮。

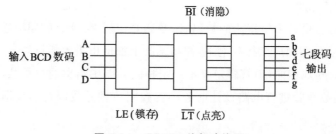

图 2.5.4 CC4511 外部功能图

CC4511 采用 CT 系列 CMOS 集成电路,这是一种采用 CMOS-TTL 混合集成工艺的CMOS 数字电路,在其每个输出端内部均接有一个 NPN 双极型三极管,以便给出较大的驱动电流,其最大输出驱动电流可达 25 mA。

图 2.5.5 所示为 LED 数码管数字显示电路的一个例子。图中 CA、CB、CC、CD 是前

一级输入的 BCD 数码信号,它所对应的数字会在数码管上显示出来。电路中的电阻 $R_1 \sim R_7$ 是限流电阻,用来保护数码管的各段 LED 不会因为电流过大而被烧坏。限流电阻的阻值通常选择在 500 Ω 以下,电阻大,则数码管的亮度会降低。

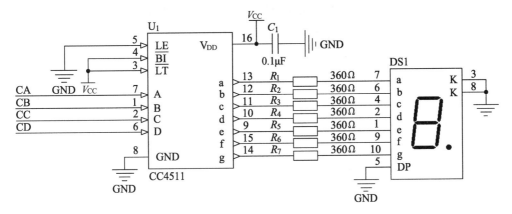

图 2.5.5　CC4511 驱动数码管显示电路

2.5.2　蜂鸣器

蜂鸣器(Buzzer)是一种小型化的电声器件,可作为报警、提示之用。蜂鸣器根据结构不同可分为压电式蜂鸣器和电磁式蜂鸣器。无论是压电式蜂鸣器还是电磁式蜂鸣器,都有有源和无源的区分,这里的"源"不是指电源。"有源"指蜂鸣器本身内含振荡电路,直接给它一定的直流电压就可以响;而"无源"是需要靠外部施加交流信号才可以响。图 2.5.6 为蜂鸣器的外形。

图 2.5.6　蜂鸣器的外形

1. 压电式蜂鸣器和电磁式蜂鸣器

(1) 压电式蜂鸣器

压电式蜂鸣器是以压电陶瓷的压电效应来带动金属片的振动而发声,主要由多谐振荡器、压电蜂鸣片、阻抗匹配器及共鸣箱、外壳等组成。当接通电源后,多谐振荡器起振,输出 1.5~2.5 kHz 的音频信号,进而驱动压电蜂鸣片发声。

压电式蜂鸣器需要比较高的电压才能产生足够的音压,一般建议为 9 V 以上,有些压电式蜂鸣器音压可以达到 120 dB 以上,较大尺寸的压电式蜂鸣器也很容易达到 100 dB。

(2) 电磁式蜂鸣器

电磁式蜂鸣器利用电磁的原理,通电时将金属振动膜吸住,不通电时利用振动膜的弹力弹回,从而发出声音。蜂鸣器由振荡器、电磁线圈、磁铁、振动膜片及外壳等组成。接通电源后,振荡器产生的音频信号电流通过电磁线圈,使电磁线圈产生磁场。振动膜片在电磁线圈和磁铁的相互作用下周期性振动发声。

电磁式蜂鸣器用 1.5 V 就可以产生 85 dB 以上的音压,但工作电流会远远地高于压电式蜂鸣器消耗的电流。

2．有源蜂鸣器和无源蜂鸣器

（1）有源蜂鸣器

有源蜂鸣器内置振荡源，在使用时直接加入额定的直流电压，即可发出单一频率的声音；若停止供电，即停止发出声音。易于使用单片机和数字电路对其进行控制。

常见的有源蜂鸣器的工作电压有 3 V、5 V、12 V 等多种。由于有源蜂鸣器发出的是单一频率的声音，声音较为单调，可以利用一个经过调制的方波信号（PWM 信号）来控制蜂鸣器的开关，从而达到丰富发声效果的作用。

（2）无源蜂鸣器

无源蜂鸣器可以等效为微型扬声器，在使用时只有外加音频驱动信号，才能发出声音，适合应用在需要发出不同频率声音的设备上。需要注意的是，在使用无源蜂鸣器的时候，不能在其两端直接加上直流信号，而需要施加一定频率的交流信号，才能使蜂鸣器发声。

3．蜂鸣器的驱动

由于蜂鸣器的工作电流一般比较大，一般控制用的单片机的通用 I/O 口或者集成数字芯片的输出电流可能达不到驱动蜂鸣器的电流要求，可使用三极管来放大电流，以达到驱动的目的。

对于压电式蜂鸣器和有源电磁式蜂鸣器，它们的驱动电路只需在蜂鸣器的输入信号之前加一个三极管放大电路即可；而对于无源电磁式蜂鸣器，其本质上是一个感性元件，流过它的电流不能突变，因此必须要接一个续流二极管提供续流，否则在蜂鸣器两端会产生几十伏的尖峰电压，可能损坏驱动三极管，并干扰整个电路的其他部分。

图 2.5.7 给出了一个有源电磁式蜂鸣器的驱动电路，下面给出电路的工作原理。

• 由于蜂鸣器需要较大的驱动电流，所以控制信号 BUZZ 先通过三极管驱动。

• 电路中接了一个二极管 D_1，这个二极管就是续流二极管。由于蜂鸣器是感性器件，当 BUZZ 为低电平时，三极管导通，给蜂鸣器供电，电流流过蜂鸣器，蜂鸣器发出声音；当 BUZZ 为高电平时，三极管截止，经"电源—三极管—蜂鸣器—地"这条回路截断，此时蜂鸣器会产生一个极性为"上负下正"的反向电动势，如果没有续流二极管，三极管的集电结就可能被击穿，而按图 2.5.7 所示的方式接了二极管后，蜂鸣器积累的电荷可以经过续流二极管和蜂鸣器构成的回路消耗掉，从而避免了反向电动势造成的反向冲击。

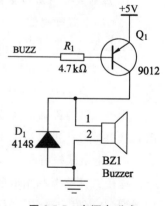

图 2.5.7　有源电磁式
蜂鸣器的驱动电路

第 3 章

实验室常用仪器

对于理工科的学生来说,熟练地掌握各种实验仪器的使用方法是非常重要的。而多用表、直流稳压电源、信号发生器和示波器是学习电工电子类课程时必不可少的四种实验仪器。学习和掌握这几种仪器,才能顺利地完成各种课内实验。

3.1　多用表

多用表是最常用的一种多功能测量仪器,它具有测量电压、电阻、电流等多种功能,是电子工程师必不可少的测量工具。多用表分为指针式和数字式两大类。相较于指针式多用表,数字式多用表读取结果更方便,精度也更高,目前指针式多用表已基本被数字式多用表取代了。

3.1.1　指针式多用表

指针式多用表的测量是通过一定的测量电路,将被测量转换成电流信号,再由该电流信号去驱动直流表头的指针发生偏转,从而在刻度盘上指示出被测量的大小。图 3.1.1 为指针式多用表。

指针式多用表由表头、测量电路及转换开关三个主要部分组成。

1.表头

表头是一个高灵敏度的磁电式直流电流表,多用表的主要性能指标基本上取决于表头的性能。表头的基本参数包括表头灵敏度、表头内阻和线性度。表头的灵敏度是指表头指针满刻度偏转时流过表头的直流电流值,一般为几个微安到几百微安。这个值越小,表头的灵敏度越高。表头内阻主要是指表头内线圈的直流电阻,内阻高的多用表性能更好。表头的线性度是指表头偏转角度与通过表头的电流之间的一致性。

图 3.1.1　指针式多用表

2.测量电路

测量电路是用来把各种被测量转换到适合表头测量的微小直流电流的电路,它由电阻、半导体元件及电池组成。它能将各种不同的被测量,经过一系列的处理统一变成一定范围的微小直流电流并送入表头进行测量。

图 3.1.2 为测量直流电流、直流电压、交流电压和电阻的电路。

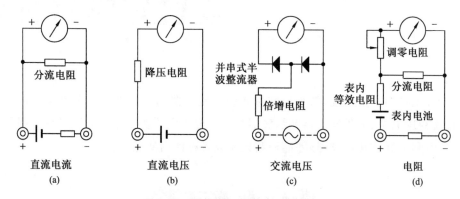

图 3.1.2　指针式多用表的测量电路

3.转换开关

转换开关的作用是用来选择各种不同的测量电路,以满足不同种类和不同量程的测量要求。

3.1.2　数字式多用表

数字式多用表是在直流数字电压表的基础上扩展出来的。在测量交流电压、电流、电阻等物理量时,都需要通过相应的变换器将被测量转换成直流电压信号,再由 A/D 转换器变换成数字量,最后以数字的形式在 LCD 上显示出来,其原理框图如图 3.1.3 所示。

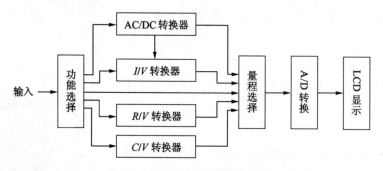

图 3.1.3　数字式多用表原理框图

人们在说到数字式多用表的时候,经常会提到三位半、四位半数字式多用表等,这代表多用表的显示位数。三位半($3\frac{1}{2}$位)数字式多用表是指该数字多用表的显示范围是 $0000\sim1999$,其中最高位只能显示 0 和 1,而其他位则可以显示 $0\sim9$ 的任意数字。因为最高位只能显示 0 和 1,所以称之为"半位",而"三位"则是指能够显示 $0\sim9$ 的其他位。一般来说,数字式多用表的显示位数越高,其精度也越高。

数字式多用表的显示位数通常为 $3\frac{1}{2}$ 位至 $8\frac{1}{2}$ 位。普及型数字式多用表一般属于 $3\frac{1}{2}$ 位的手持式多用表，$4\frac{1}{2}$、$5\frac{1}{2}$（6 位以下）数字式多用表一般分为手持式、台式两种。而 $6\frac{1}{2}$ 位以上的大多属于台式多用表。

3.1.3 UT61B 数字式多用表

本书以 UT61B 数字式多用表为例介绍数字式多用表的使用方法（图 3.1.4）。

1. UT61B 数字式多用表的特点

UT61B 数字式多用表具备高可靠性、高安全性、自动量程、手持式等特点，具有超大屏幕数字和高解析度模拟指针的同步显示功能。

UT61B 数字式多用表可以测量交直流电压和电流、电阻、二极管、电路通断、电容、频率、温度等参数，并具备 RS232C 或 USB 标准接口、数据保持、相对测量、峰值测量、欠压提示、背光和自动关机功能。其综合指标如下：

① 最大显示读数：4000（频率 9999），模拟条 41 段（转换速率 30 次/s）。

图 3.1.4 UT61B 数字式多用表

② 显示更新率：每秒 2～3 次。

③ 量程选择：自动或手动。

④ 极性显示：自动。

⑤ 过量程提示：显示 O L。

⑥ 电池欠压提示：🔋（电池电压小于 7.5 V）。

> **注意：**
>
> 若多用表在使用过程中，LCD 显示欠压提示符🔋时，应及时更换内置电池；否则会影响测量精度。

2. UT61B 数字式多用表的使用方法

UT61B 数字式多用表的前面板布局如图 3.1.5 所示。

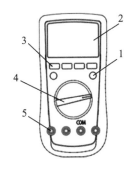

1. 蓝色功能选择键；2. LCD 显示窗；3. 按键组：用于选择各种测量附加功能；4. 功能量程旋钮开关；5. 输入端口。

图 3.1.5 UT61B 数字式多用表前面板布局

（1）交直流电压测量

用于交直流电压测量时多用表的电路连接图如图 3.1.6 所示。

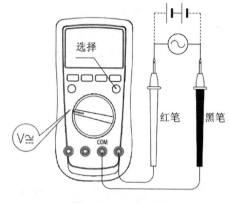

图 3.1.6　测量电压

具体测量步骤如下：

① 将红表笔插入"V"插孔，黑表笔插入"COM"插孔。

② 将量程旋钮开关置于"V≅"电压测量挡，如果输入电压有效值小于 400 mV，则可以将旋钮开关置于"mV≅"挡，从而获得更高的测量精度。屏幕左侧显示"DC"，则代表多用表当前为直流电压测量模式。若需要测量交流电压，按下蓝色选择按键，切换到交流电压模式。

③ 将表笔并联到待测电源或负载。

④ 从 LCD 显示器上直接读取被测电压值。对于交流电压，测量显示值为有效值（正弦波）。

⑤ 在测量交流电压时，如果需要获得频率值或占空比，只需按"Hz%"键，即可方便地读取。

⑥ UT61B 数字式多用表的输入阻抗约为 10MΩ（mV 挡输入阻抗大于 3 000 MΩ）。在测量高阻抗的电路时会引起测量误差。但是，大部分情况下被测电路的阻抗都在 100 kΩ 以下，所以该误差可以忽略不计。

注意：

① 不要输入高于 1 000 V 的电压。若输入过高的电压，则有可能损坏仪表。

② 在测量高电压时，注意身体不能接触电路，避免触电。

③ 在完成所有的测量操作后，要断开表笔与被测电路的连接。

（2）交直流电流测量

用于交直流电流测量时多用表的电路连接图如图 3.1.7 所示。

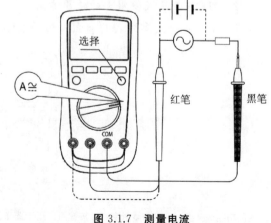

图 3.1.7　测量电流

电流测试步骤如下：

① 根据电流范围将红表笔插入"μA/mA"或"10 A"插孔，黑表笔插入"COM"插孔。

② 根据红表笔所在插孔将功能旋钮开关旋至对应电流测量挡"μA"或"mA"或"A"。

③ 屏幕左侧显示"DC"，则多用表为

直流电流测量模式。若需要测量交流电流,按下蓝色选择按键,切换到交流电流模式。

④ 将多用表表笔串联到待测回路中。

⑤ 从 LCD 上直接读取被测电流值。交流电流测量显示为有效值(正弦波)。

⑥ 在测量交流电流时,如果需要读取频率值或占空比,只需按"Hz%"键,即可方便地读取。

> **注意:**
>
> ① 在将仪表串联到待测回路之前,应先关闭待测回路的电源,否则有打火花的危险。
>
> ② 测量时应使用正确的输入端口和功能挡位,防止过流烧坏保险丝。如不能估计电流的大小,应从大电流量程开始测量。
>
> ③ 当测量大于 5 A 的电流时,为了安全使用,每次测量时间应小于 10 s,间隔时间应大于 15 min。
>
> ④ 当表笔插在电流输入端口上时,切勿把测试表笔并联到任何电路上,否则有可能会烧断仪表内部保险丝,损坏多用表。
>
> ⑤ 完成所有的测量操作后,应先关断被测电路的电源,再断开表笔与被测电路的连接。对大电流的测量尤为重要。
>
> ⑥ 完成电流测量后,将红表笔插回"V"插孔,避免下次测量电压时忘记更换红表笔插孔位置而烧断内部保险丝。

(3)电阻测量

图 3.1.8 所示为用多用表测量电阻的电路图。

电阻测量步骤如下:

① 将红表笔插入"Ω"插孔,黑表笔插入"COM"插孔。

② 将量程旋钮开关置于"Ω"多重测量挡,按蓝色选择键,切换到"Ω"电阻测量模式。

③ 将表笔并联到被测电阻两端。

④ 从 LCD 上直接读取被测电阻值。如果被测

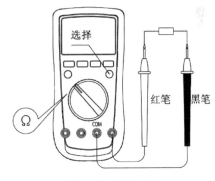

图 3.1.8　**测量电阻**

电阻开路或阻值超过仪表最大量程时,显示器将显示"0 L"。

(4)二极管、电容、通断测量

二极管、电容及通断测量方法与电阻测量类似,量程旋钮开关的位置及表笔的连接方式也与电阻测量相同。按蓝色选择键,在几种测量功能之间切换。

① 二极管测量时,按蓝色选择键,切换到"➡️"二极管测量,红表笔接到被测二极管的正极,黑表笔接到被测二极管的负极。LCD 上显示被测二极管的正向导通电压值。对

于硅管而言,正向导通电压正常值一般为 0.5～0.8 V。如果二极管开路或反接,LCD 显示"0 L"。

② 电容测量时,按蓝色选择键,切换到"━╂━"电容测量。此时仪表会显示一个固定读数,约为 10 nF。此读数为仪表内部固定的分布电容值。对于小电容的测量,被测量值一定要减去此值,才能确保测量精度。这可以通过按下"REL △"键,利用多用表的相对测量功能来实现。

③ 通断测量时,按蓝色选择键,切换到"•))"通断测量,并将表笔并联到被测电路的两端。如果被测电路两端之间的电阻小于 10Ω,则认为电路导通良好,蜂鸣器发出响声,LCD 屏幕显示电阻值;如果被测电路两端之间的电阻大于 35Ω,则认为电路断路,蜂鸣器不发声,LCD 屏幕显示"0 L"。

(5) 频率测量

利用 UT61B 数字式多用表可以测量交流电压信号的频率,测试电路如图 3.1.9 所示。

频率测量方法如下:

① 将红表笔插入"Hz"插孔,黑表笔插入"COM"插孔。

② 将量程旋钮开关置于"Hz%"测量挡位,并将表笔并联到待测信号源上。从显示器上直接读取被测频率值,如需要测量占空比,单击"Hz%"键显示"%",即可开始测量。

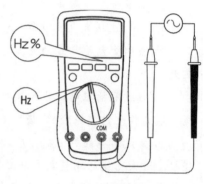

图 3.1.9　频率测量

注意:

① UT61B 数字式多用表的频率测量范围为 10 Hz～10 MHz。

② 频率测量时输入交流信号的幅度 a 必须满足 200 mV ≤ a ≤ 30 V。

③ 在完成所有的测量操作后,要断开表笔与被测电路的连接。

3.2　直流稳压电源

直流稳压电源在电子电路中的作用是提供能量,其电压的稳定度和所能提供的最大功率直接影响到电路的工作状态。实验室中通常会使用台式稳压电源来提供一路或多路可调的直流电源,从而便于在实验中调节所需的供电电压。

直流稳压电源的种类繁多,但工作原理大同小异。下面介绍一款型号为 SPD3303 的可编程线性直流电源。该电源提供三组独立输出,其中两组 0～30 V 电压任意可调,可以单独使用,也可串联或并联使用,同时输出具有短路或过载保护。另外一组为 2.5 V、3.3 V、5 V

的可选输出。

3.2.1　面板图及功能

SPD3303 可编程线性直流电源的前面板如图 3.2.1 所示。

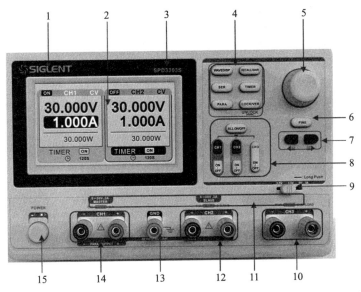

　　1. 品牌 LOGO；2. 液晶显示界面；3. 产品型号；4. 系统参数配置按键；5. 多功能旋钮；6. 细调功能按键；7. 左右方向按键；8. 通道控制按键；9. CH3 挡位拨码开关；10. CH3 输出端；11. CV/CC 指示灯；12. CH2 输出端；13. 机壳接地端；14. CH1 输出端；15. 电源开关。

图 3.2.1　SPD3303 可编程线性直流电源前面板

　　前面板分为控制区域、显示区域、开关及外部连接区域几个部分。液晶显示界面 2 和 CV/CC 指示灯 11 用来显示参数设置值或当前输出电压、电流等状态。控制按键及旋钮 4～9 用于设置输出电压、保护电流及控制通道是否输出。10、12、13、14 为几组电源的输出接线柱，用于连接实验电路。

3.2.2　输出模式介绍

　　SPD3303 可编程线性直流电源有三组独立输出：两组可调电压值和一组固定可选电压值 2.5 V、3.3 V 和 5 V。

1. 独立、串联、并联

　　SPD3303 可编程线性直流电源具有三种输出模式：独立、串联和并联。不同的输出模式可以通过前面板上相应的开关来选择。

　　（1）独立输出

　　一般情况下，各组电源独立输出，输出电压可以单独控制。这是最基本的一种使用方式。

（2）串联输出

当电路需要使用正负电源或者所需电压大于单路输出电压时，可以选择串联输出。这时电源会通过内部继电器将通道 1 和通道 2 串联。在该模式下输出电压是单通道电压的两倍。

（3）并联输出

当电路所需电流大于单路所能提供的最大电流时，可以选择并联输出。这时电源会通过内部继电器将通道 1 和通道 2 并联。在并联模式下，输出电流是单通道电流的 2 倍。

2．恒压/恒流

通道 1 和通道 2 两组电源可以工作在恒压或恒流模式。

（1）恒压模式

当输出电流小于设定电流值时，该组电压会处于恒压模式，输出电压为前面板设定的电压。前面板 CV/CC 指示灯为绿色。

（2）恒流模式

当输出电流大于设定电流值时，该组电压会处于恒流模式，输出电流为前面板设定的电流。前面板 CV/CC 指示灯为红色。

> **注意：**
>
> 因为在大部分应用中，该电源都是作为电压源来使用的，因此在使用时要注意设定的过流保护电流必须要大于待测电路的实际电流。

3.2.3 独立输出模式

在独立输出模式下，三个通道之间是相互隔离的。另外，这三个通道也均与地隔离。

1．CH1、CH2 独立输出

通道 1 和通道 2 作为独立输出时，两个通道间是隔离的。各自通道的黑色接线柱为输出负极，红色接线柱为输出正极。图 3.2.2 展示了通道 1 和通道 2 的接线端子的连接方式。

图 3.2.2 SPD3303 **可编程线性直流电源通道 1 和通道 2 接线端子**

具体操作步骤如下：

① 确定并联和串联键关闭（并联和串联按键灯不亮）。

② 连接负载到前面板接线端子。

③ 按 CH1 或 CH2 按键，选择相应的通道。

④ 按下调节旋钮，可以使光标在电压和电流设定值之间切换。旋转调节旋钮，改变

电压或保护电流至期望值。当"FINE"按键未被按下时,旋钮调节为粗调,转动一格变化1V 或 0.1A。当"FINE"按键被按下(按键点亮)时,进入细调模式,可以更精确地设定电压或电流值。

⑤ 按下通道的"ON-OFF"输出键,打开相应通道的输出,该通道接线柱上方指示灯将会被点亮。若为绿色,则为恒压输出模式;若为红色,则为恒流输出模式。也可以按下"ALL ON/OFF"按键,同时打开/关闭三个通道。

当输出未打开时,显示屏上显示的是设定电压和电流值;当输出打开时,显示的为实际的输出电压和电流值。图 3.2.3 中通道 1未打开,显示的是设定值;通道 2 已经打开,显示的是实际电压和电流值。

2. CH3 独立输出

通道 3 的输出电压不是任意调节的,只可以在 2.5 V、3.3 V 和 5 V 之间切换。电压通过

图 3.2.3　屏幕显示

调节 CH3 拨码开关来切换。该通道没有实际电压和电流显示,通道的最大输出电流为3 A。当电流超过 3 A 时,通道上方的指示灯变为红色,该通道从恒压模式转为恒流模式。

3.2.4　串联输出模式

在串联输出模式下,电源内部将 CH1的正极与 CH2 的负极相连(图 3.2.4)。CH1为控制通道。串联后,在 CH1 负极和 CH2正极之间的电压为单通道电压的两倍。

具体操作步骤如下:

① 按下"SER"键,启动串联模式,按键灯点亮。

② 连接负载到前面板端子 CH2＋和 CH1－。

③ 按下 CH1 输出键,打开输出,按键灯点亮。

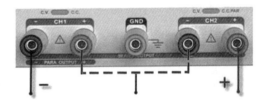

图 3.2.4　串联后通道的接线

提示:

　如果需要接正负电源,可以将 CH1 的正极或 CH2 的负极连接至电路的参考地,CH1 的负极即为负电源输出,CH2 的正极即为正电源输出。

3.2.5　并联输出模式

在并联输出模式下,电源内部自动地将 CH1 和 CH2 的正负极分别连接在一起,CH1为控制通道(图 3.2.5)。并联后,输出电流能力为原先的两倍。

图 3.2.5　并联后通道的接线

具体操作步骤如下：

① 按下"PARA"键，启动并联模式，按键灯点亮。

② 连接负载到 CH1＋/CH1－。

③ 按下 CH1 输出键，打开输出，按键灯点亮。

3.3　函数信号发生器

函数信号发生器可以提供电子测试所需的各种电信号，可以产生正弦波、方波、三角波等函数信号，有些产品还能实现调频、调幅等功能，函数信号发生器被广泛应用于测量测试领域。

本书以 SDG1000 系列的产品为例，讲述函数发生器的使用方法。SDG1000 系列函数信号发生器采用直接数字合成（DDS）技术，可生成精确、稳定、纯净、低失真的输出信号。SDG1000 系列函数信号发生器提供了便捷的操作界面、优越的技术指标及人性化的图形风格，可帮助用户更快地完成工作任务，大大地提高了工作效率。

3.3.1　SDG1000 系列函数信号发生器的性能特点

SDG1000 系列函数信号发生器的性能特点如下：

• DDS 技术，双通道输出，每通道输出波形最高可达 50 MHz。

• 125MSa/s 采样率，每通道 14 Bit 垂直分辨率，每通道可达 16 kpts（每秒 16k 个采样点）存储深度。

• 输出 5 种标准波形，内置 48 种任意波形，最小频率分辨率可达 1 μHz。

• 频率特性如下：

正弦波：1 μHz ～ 50 MHz。

方波：1 μHz ～ 25 MHz。

锯齿波/三角波：1 μHz～300 kHz。

脉冲波：500 μHz～5 MHz。

白噪声：50 MHz 带宽（－3 dB）。

任意波：1 μHz～5 MHz。

• 内置高精度、宽频带频率计，频率范围为 100 mHz～200 MHz。

• 丰富的调制功能：AM、DSB-AM、FM、PM、FSK、ASK、PWM，以及输出线性/对数扫描和脉冲串波形。

• 标准配置接口：USB Host、USB Device，支持 U 盘存储和软件升级，可选配 GPIB接口。

• 仪器内部提供 10 个非易失性存储空间以存储用户自定义的任意波形，通过上位机软件，可编辑和存储更多任意波形。

• 任意波编辑软件提供 9 种标准波形：Sine、Square、Ramp、Pulse、ExpRise、ExpFall、Sinc、Noise 和 DC，可满足最基本的需求；同时还为用户提供了手动绘制、点点之间的连线绘制、任意点编辑的绘制方式，使创建复杂的波形变得轻而易举。多文档界面的管理方式可使用户同时编辑多个波形文件。

3.3.2　面板图及功能

SDG1000 系列函数信号发生器向用户提供了明晰、简洁的前面板，如图 3.3.1 所示。前面板包括 3.5 英寸(8.89cm)TFT-LCD 显示屏、参数操作键、波形选择键、数字键、模式/辅助功能键、方向键、调节旋钮和通道选择键。

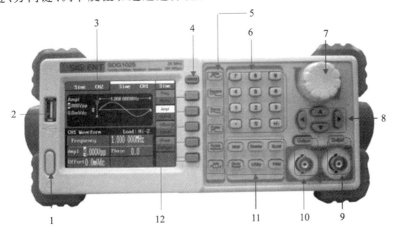

　1. 电源键；2. USB 接口；3. LCD 显示屏；4. 通道切换；5. 波形选择；6. 数字键；7. 调节旋钮；8. 方向键；9. CH1 输出及控制；10. CH2 输出及控制；11. 模式/辅助功能键；12. 菜单软键。

图 3.3.1　SDG1000 系列函数信号发生器前面板

3.3.3　用户界面

SDG1000 系列函数信号发生器的常规显示界面如图 3.3.2 所示，主要包括通道显示区、操作菜单区、参数显示区和波形显示区。通过操作菜单区，我们可以选择需要更改的参数，如频率/周期、幅值/高电平、偏移量/低电平、相位/同相位等参数，来获得所需要的波形。

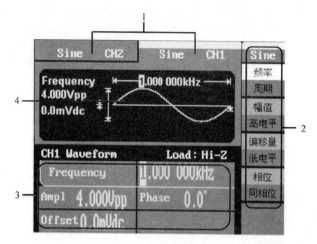

1. 通道显示区；2. 操作菜单区；3. 参数显示区；4. 波形显示区。

图 3.3.2 SDG1000 系列函数信号发生器的常规显示界面

3.3.4 数字输入控制

　　SDG1000 系列函数信号发生器的数字输入操作面板如图 3.3.3 所示，包含数字键盘、旋钮和方向键。

　　有以下两种方法编辑波形的参数值：

　　① 通过数字键盘输入参数。选中对应参数后，直接利用数字键盘键入数值，再选择屏幕右侧的单位所对应的软键，即可改变参数值。

图 3.3.3 数字键盘、旋钮和方向键

　　② 通过旋钮改变参数。先用方向键将光标移到需要更改的数据位，然后旋转旋钮改变该位数值。旋钮的输入范围是 0～9，旋钮顺时针旋转一格，数值增加 1。

3.3.5 波形设置时的通道切换

　　因为 SDG1000 系列函数信号发生器有两个输出通道，每个通道可以单独设置不同的输出波形。在设置波形时要注意是否选择了对应的通道。轻按屏幕右侧一列按键最上方的"CH1/CH2"键，即可在通道 1 和通道 2 之间切换。LCD 屏幕最上方标签及屏幕中间都会显示当前参数设置是哪个通道，如图 3.3.4 所示。图中两个矩形框标出了当前选中的通道。

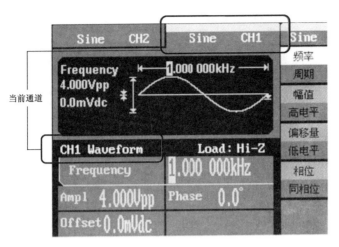

图 3.3.4　当前设置通道

3.3.6　通道输出控制

　　SDG1000 系列函数信号发生器的两个通道输出的 BNC 接口上方有两个输出控制按键,如图 3.3.5 所示。使用该按键,将开启/关闭前面板的输出接口的信号输出。按下相应通道上方的“Output”按键,该按键将会点亮,其对应通道输出信号。再次按下“Output”按键,按键熄灭,输出关闭。

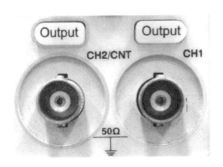

图 3.3.5　输出控制按键

3.3.7　常用波形输出

　　SDG1000 系列函数信号发生器的操作面板上有 6 个标准波形按键,从上到下分别为“Sine”“Square”“Ramp”“Pulse”“Noise”“Arb”,分别为正弦波、方波、锯齿波/三角波、脉冲波、噪声和任意波形设置按键。各种波形参数设置方法基本相同,下面以正弦波为例对波形的参数设置逐一进行介绍。

1. 正弦波

　　按下“Sine”按键,该按键将会被点亮,LCD 显示屏中将出现正弦波的操作菜单,通过对正弦波的波形参数进行设置,可输出相应波形。图 3.3.6 为正弦波参数设置界面。

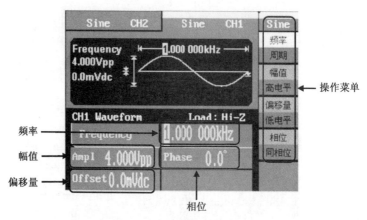

图 3.3.6　正弦波参数显示

设置正弦波的参数主要包括：频率/周期、幅值/高电平、偏移量/低电平、相位/同相位。改变相应的参数值，可以得到期望的波形。屏幕右侧的波形参数与其右侧的功能按键一一对应（表 3.3.1）。

表 3.3.1　正弦波操作菜单说明

功能菜单	设定说明
频率/周期	设置波形频率/周期，按下右侧功能按键，可在频率与周期之间切换
幅值/高电平	设置波形幅值/高电平，按下右侧功能按键，可在幅值与高电平之间切换
偏移量/低电平	设置波形偏移量/低电平，按下右侧功能按键，可在偏移量与低电平之间切换
相位/同相位	设置波形的相位或设置成与另一通道相同的相位，按下右侧功能按键，可在两者之间切换

（1）设置信号频率

选择频率参数，可以设置频率值。当频率参数被选中时（"频率"高亮显示），直接通过数字键盘输入频率值，屏幕下方会显示输入的数值，同时屏幕右方会显示频率的单位，如图 3.3.7 所示。按下单位右侧对应的软键，完成频率参数的设置。

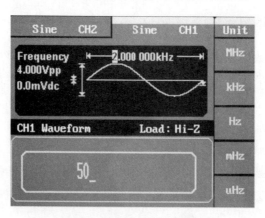

图 3.3.7　正弦波频率设置界面

当频率参数被选中时,也可以直接通过调节旋钮来改变频率的值。如果不是希望直接设置频率,而是设置信号的周期,则可以在 Sine 波形的设置界面轻按频率/周期右侧的软键,使"周期"高亮显示,然后就可以通过直接输入或调节旋钮来改变周期值。

(2) 设置幅值和偏移量

可以有两种方式设定正弦信号的幅值和偏移量,可以根据实际需求选用合适的方法。一种方法是通过设置幅值和偏移量来实现,另一种方法是通过设定信号的最大值和最小值来完成。可以在操作菜单中按"幅值/高电平"和"偏移量/低电平"边上的软键来实现两种方式的切换。

现在以幅值和偏移量为例,介绍设置方法。当幅值参数被选中时("幅值"高亮显示),直接通过数字键盘输入参数值,屏幕下方会显示输入的数值,同时屏幕右方会显示电压的单位,如图 3.3.8 所示。按下右侧对应的软键,完成幅值参数的设置。

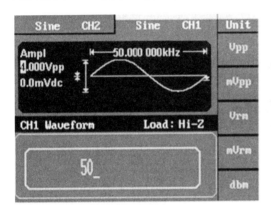

图 3.3.8　正弦波幅值设置界面

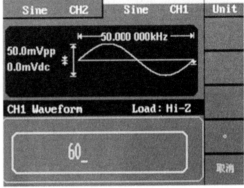

图 3.3.9　正弦波相位设置界面

如果还需要设定偏移量,则在操作菜单中选中"偏移量",然后以输入幅值相同的方法完成设置。除直接输入幅值参数以外,还可以通过调节旋钮改变数值。

(3) 设置相位

选中相位参数后,可通过数字小键盘直接输入参数值,然后通过功能按键选择相应的参数单位即可,如图 3.3.9 所示。也可以移动方向键,选中某个数据位,再通过旋转旋钮改变数值。

2. 方波

按下"Square"按键,该按键将会被点亮,LCD 显示屏中将出现如图 3.3.10 所示的方波操作菜单,波形图标变为方波,通过对方波的波形参数进行设置,可输出相应波形。

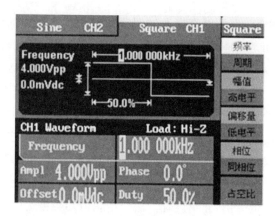

图 3.3.10　方波幅值设置界面

表 3.3.2 列出了方波的具体设置参数，包括：频率/周期、幅值/高电平、偏移/低电平、相位/同相位、占空比，改变相应的参数值，可以得到想要的波形。参数的设置方法与正弦波参数的设置方法基本类似，此处不再赘述。

表 3.3.2　方波操作菜单说明

功能菜单	设定说明
频率/周期	设置波形频率/周期，按下右侧功能按键，可在频率与周期之间切换
幅值/高电平	设置波形幅值/高电平，按下右侧功能按键，可在幅值与高电平之间切换
偏移量/低电平	设置波形偏移量/低电平，按下右侧功能按键，可在偏移量与低电平之间切换
相位/同相位	设置波形的相位或设置成与另一通道相同的相位，按下右侧功能按键，可在两者之间切换
占空比	设置方波的占空比

3．锯齿波/三角波

按下"Ramp"按键，该按键将会被点亮，LCD 显示屏中将出现锯齿波/三角波的操作菜单，通过对锯齿波/三角波的波形参数进行设置，可输出相应波形。锯齿波/三角波操作菜单如图 3.3.11 所示。

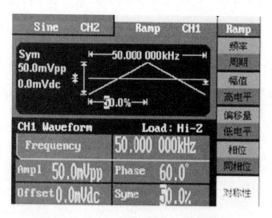

图 3.3.11　锯齿波/三角波幅值设置界面

通过设置频率/周期、幅值/高电平、偏移量/低电平、相位/同相位、对称性,可以得到不同参数的锯齿波/三角波。锯齿波/三角波的具体参数设置方法见表 3.3.3。

表 3.3.3 锯齿波/三角波操作菜单说明

功能菜单	设定说明
频率/周期	设置波形频率/周期,按下右侧功能按键,可在频率与周期之间切换
幅值/高电平	设置波形幅值/高电平,按下右侧功能按键,可在幅值与高电平之间切换
偏移量/低电平	设置波形偏移量/低电平,按下右侧功能按键,可在偏移量与低电平之间切换
相位/同相位	设置波形的相位或设置成与另一通道相同的相位,按下右侧功能按键,可在两者之间切换
对称性	设置锯齿波/三角波上升沿占比

4．脉冲波

按下"Pulse"按键,该按键将会被点亮,LCD 显示屏中将出现脉冲波的操作菜单,通过对脉冲波的波形参数进行设置,可输出相应波形。其操作菜单如图 3.3.12 所示。

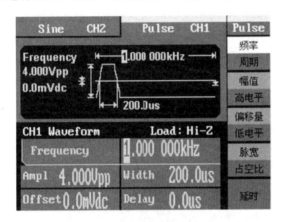

图 3.3.12 脉冲波参数显示界面

通过设置频率/周期、幅值/高电平、偏移量/低电平、脉宽/占空比、延时,改变相应的参数值,可以得到想要的波形。脉冲波的具体参数设置方法如表 3.3.4 所示。

表 3.3.4 脉冲波操作菜单说明

功能菜单	设定说明
频率/周期	设置波形频率/周期,按下右侧功能按键,可在频率与周期之间切换
幅值/高电平	设置波形幅值/高电平,按下右侧功能按键,可在幅值与高电平之间切换
偏移量/低电平	设置波形偏移量/低电平,按下右侧功能按键,可在偏移量与低电平之间切换
脉宽/占空比	设置波形的脉宽/占空比,按下右侧功能按键,可在两者之间切换
延时	设置脉冲波的延时时间

5. 噪声

按下"Noise"按键，该按键将会被点亮，LCD 显示屏中将出现噪声波的操作菜单，通过对噪声波的波形参数进行设置，可输出相应波形。噪声信号只有方差和均值两个参数，分别代表噪声波形的标准差和平均值。

6. 任意波形信号

按下"Arb"按键，该按键将会被点亮。用户可以调用内建的数学函数创建波形，也可以调用已存波形。对于调用的波形，仍旧可以设置频率/周期、幅值/高电平/偏移量/低电平、相位/同相位等参数，获得想要的波形。

3.3.8 调制波形输出

SDG1000 系列函数信号发生器提供了丰富的调制功能，包括 AM、DSB-AM、FM、PM、FSK、ASK 和 PWM，根据不同的调制类型，需要设置不同的调制参数。幅度调制时，可对调幅频率、调制深度、调制波形和信源类型进行设置。其他类型的调制波也可以设置相应的调制参数。

本书将以 AM 调制为例对调制波形的设置做一个简单介绍。在 AM 调制中，依据幅度调制原理，已调制波形由载波和调制波组成，载波的幅度随调制波的幅度变化而变化。

在设置 AM 调幅波的时候，需要提前设置好载波信号。可以按 3.3.7 中正弦波的设置方法设置好正弦波，该正弦波将会作为调幅信号的载波。设置完载波信号后，按"Mod"调制按键，将会出现如图 3.3.13 所示的调制操作界面。

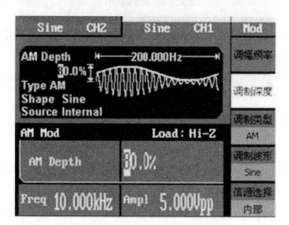

图 3.3.13　调制操作界面

轻按调制类型右侧的按键，将调制类型设为 AM。然后按"调制波形"，选择需要的调制波类型，再通过修改调幅频率和调制深度，修改调制波的频率和调幅度。表 3.3.5 列出了调幅波的参数设定。

表 3.3.5　幅度调制操作菜单说明

功能菜单	设定	说明
调幅频率		设定调制波形的频率,频率范围为 2 mHz～20 kHz(只用于内部信源)
调制深度		设置调制波幅度变化的范围
调制类型	AM	幅度调制
调制波形	Sine	选择调制波为正弦波。也可以选择其他波形为调制波,可选调制波波形有 Square、Triangle、UpRamp、DnRamp、Arb 等波形
信源选择	内部	选择调制波为内部信号。也可以选择外部输入信号作为调制波,需要通过后面板接口"Modulation In"输入

3.4　数字示波器

示波器是电子设备检测中非常重要的测试仪器,它可以用来观察电路中各点的波形,并可以对信号的幅度、频率等参数进行测量。本书将以 SDS1102X 数字示波器为例,介绍示波器的使用方法。

3.4.1　SDS1102X 数字示波器技术参数

SDS1102X 数字示波器的主要技术参数如下:

- 通道数:2。
- 带宽(−3dB):100 MHz。
- 垂直分辨率:8 bit。
- 垂直挡位(探头比 1X):500μV/div～10V/div。
- 增益精度:±3.0%。
- 水平挡位:2.0 ns/div ～ 50 s/div。
- 显示模式:Y-T、X-Y、Roll。
- 实时采样率:1 GSa/s(单通道)、500 MSa/s(双通道)。
- 存储深度:最大 14 Mpts/CH(单通道)、7 Mpts/CH (双通道)。

3.4.2　数字示波器前面板

SDS1102X 数字示波器前面板如图 3.4.1 所示。

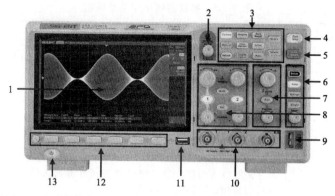

1. 屏幕显示区；2. 多功能旋钮；3. 常用功能区；4. 运行/停止；5. 自动设置；6. 触发控制系统；7. 水平控制系统；8. 垂直通道控制区；9. 校准信号端/接地端；10. 模拟通道输入端；11. USB端口；12. 菜单软键；13. 电源软开关。

图 3.4.1　前面板总览

3.4.3　示波器功能检查与补偿

在使用示波器时首先要确认示波器及探头的好坏。可以通过测量校准端的电压波形来确认示波器及探头是否正常。

1. 功能检查

通过示波器功能检查，可以快速判断示波器探头的好坏，便于后续的测试。具体检查步骤如下：

① 按 Default 键，将示波器恢复为默认设置。

② 将探头 BNC 端连接至示波器的通道输入端。

③ 将探头的接地鳄鱼夹与示波器的接地端相连，探头的测试端连接示波器校准信号输出端，如图 3.4.2 所示。

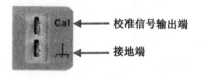

图 3.4.2　校准信号输出端/接地端

④ 按 Auto Setup 键。

⑤ 观察示波器显示屏上的波形，正常情况下应显示如图 3.4.3 所示的波形。

⑥ 用同样的方法检测其他通道。若屏幕显示的方波形状与图 3.4.3 不符，请执行下面的"探头补偿"。

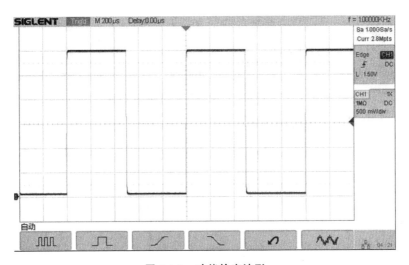

图 3.4.3　**功能检查波形**

2. 探头补偿

首次使用探头时,应进行探头补偿调节,使探头与示波器输入通道匹配。未经补偿或补偿偏差的探头会导致测量偏差或错误。探头补偿步骤如下:

① 执行上面的"功能检查"中的步骤①至⑤。

② 检查所显示的波形形状并与图 3.4.4 对比。

图 3.4.4　**补偿波形**

③ 用非金属质地的螺丝刀调整探头上的低频补偿调节孔,直到显示的波形如图 3.4.4 所示的"适当补偿"为止。

3.4.4　运行控制

示波器右上角有两个运行控制键,有自动调整参数和暂停波形更新的功能。

Auto Setup :按下该键,开启波形自动调整参数功能。当有稳定的周期信号输入时,示波器将根据输入信号自动调整垂直挡位、水平时基及触发方式,使波形以最佳方式显示。

Run Stop :按下该键,可将示波器的运行状态设置为"运行"或"停止"。"运行"状态下,该键黄灯被点亮,示波器正常刷新;"停止"状态下,该键红灯被点亮,示波器停止刷新。

3.4.5　垂直通道的设置

1. 垂直通道控制按键及旋钮

垂直通道控制按键及旋钮的分布如图 3.4.5 所示。

1 :该按键为模拟输入通道的控制键。不同通道标签用不同颜色标识,且屏幕中波形颜色和输入通道的颜色相对应。按下通道按键,可打开相应通道及其菜单;再次按下该按钮,则关闭该通道。

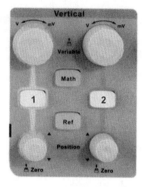

图 3.4.5　　**垂直通道控制**

：该大旋钮用于调节当前通道的垂直挡位。顺时针转动减小挡位,逆时针转动增大挡位。旋转过程中波形显示幅度会增大或减小,同时屏幕右方的挡位信息会相应变化。按下该旋钮,可使垂直挡位调节方式在"粗调"和"细调"之间快速切换。

：该小旋钮用于调节对应通道波形的垂直位移。旋转过程中波形会上下移动,同时屏幕中下方显示的位移信息会相应变化。按下该按钮,可将垂直位移恢复为 0。

Math ：按下该键,打开波形运算菜单。可进行加、减、乘、除、FFT、积分、微分、平方根等运算。

Ref ：按下该键,打开波形参考功能。可将实测波形与参考波形相比较,以判断电路故障。

2．通道的开启

SDS1102X 数字示波器有两个模拟输入通道 CH1、CH2,每个通道有独立的垂直控制系统,且这两个通道的垂直控制系统的设置方法完全相同。此处及后续内容均以通道 1 为例做介绍。

测量之前首先要将示波器通道 1 的探头连接至待测电路,然后按下示波器前面板的通道键 1 ,该按键灯将被点亮,显示屏上将会显示通道 1 的波形。再按一下 1 ,则该通道的显示将会被关闭。示波器的两个通道可以根据测试需求同时或单独打开。打开通道后,可根据输入信号调整通道的垂直挡位、水平时基及触发方式等参数,使波形显示易于观察和测量。

3．调节垂直挡位和位移

当显示的波形垂直幅度太小或太大时,需要通过调节垂直挡位来调整。而波形位置偏上或偏下则可以通过调节垂直位移来修正。

(1)调节垂直位移

当示波器的通道打开后,在屏幕的左侧会出现与通道颜色相同的箭头。该箭头指示了该通道的电压零点的位置,如图 3.4.6 所示左侧箭头所示。当该通道波形的上下位置不合适而需要调整时,需要通过旋转该通道的"Position"旋钮来调节上下位置。顺时针旋转,波形向上移动;逆时针旋转,则波形向下移动。按下该旋钮,可以使波形的垂直位移直接恢复为 0,也就是波形零点直接回到屏幕的垂直中心。

(2)调节垂直挡位

如果波形在垂直方向显示的幅度太小或太大,可以通过调节对应通道的"Vertical"旋钮来改变垂直挡位。顺时针转动,减小挡位;逆时针转动,增大挡位。当调节挡位时,屏幕右侧状态栏中的挡位信息也跟着实时变化。如图 3.4.6 所示屏幕右侧通道 1 的设置信息中,可以看到 1.00 V/div,这是指垂直方向 1 格代表电压变化 1.00 V。

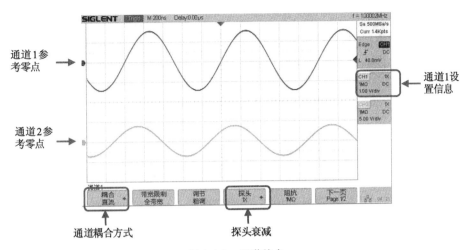

通道1参考零点

通道2参考零点

通道耦合方式　　　　　　　　探头衰减

图 3.4.6　通道信息

4. 设置探头衰减比

示波器探头有不同的衰减比,比较常用的有"1X"和"10X",分别代表探头对输入信号无衰减和 10∶1 的衰减。在示波器中也需要设置通道探头的衰减比,见图 3.4.6 屏幕下方显示"探头 1X"。这个值必须和实际连接示波器的探头的衰减比一致,否则测量的电压值会和实际值不同。设置时,首先按对应通道键,选中该通道,然后连续按"探头"对应的软键,切换所需探头比,或使用多功能旋钮进行选择。

5. 设置通道耦合方式

在默认情况下,示波器为直流耦合方式,如图 3.4.6 所示。这样观察到的波形既包含直流分量,也包含交流分量。但有些时候只需要观察直流信号中的交流成分,比如说观察直流电压中的纹波,这就需要将通道的耦合方式设为交流(AC)。

具体设置方法为:按对应的通道键选择通道,然后连续按"耦合"对应的软键,切换耦合方式,或使用多功能旋钮进行选择。图 3.4.6 屏幕右侧对应通道信息中显示的"DC"即代表通道的耦合方式为直流;若为交流耦合,则显示"AC"。

3.4.6　水平系统设置

1. 水平控制按键及旋钮

水平控制按键及旋钮的分布如图 3.4.7 所示。

图 3.4.7　水平控制按键及旋钮

[旋钮图]:水平挡位调节旋钮(大旋钮),用于修改水平时基挡位。顺时针旋转,减小时基;逆时针旋转,增大时基。修改过程中,所有通道的波形在水平方向上被展开或压缩,同时屏幕上方的时基信息也相应变化。

[旋钮图]:触发点水平位置(小旋钮)。旋转旋钮时触发点相对于屏幕中心左右移动。调节过程中,所有通道的波形同时左右移动,屏

幕上方的触发位移信息也会相应变化。按下该旋钮,可将触发位移恢复为 0。

Roll:按下该键,快速进入滚动模式。屏幕上波形将从右往左实时滚动。若原先水平时基小于 50 ms/div,则会自动更改到 50 ms/div。滚动模式的时基范围为 50 ms/div～50 s/div。

2.水平时基挡位

如果波形在水平方向太密或者太稀疏,可以通过调节水平挡位调节旋钮来改变。调节旋钮的时候,相应的参数也会改变,图 3.4.8 中显示了相应的参数信息。图中"M 200ns"即波形的时基为 200 ns/div,代表水平方向一格的时间为 200 ns。因为不同通道的波形的显示是同步的,所以各个通道使用相同的时基。屏幕右上角还显示了示波器的采样率和存储深度。采样率也会随着水平时基的改变而变化。存储深度是指一次触发采集的波形中所能存储的波形点数。

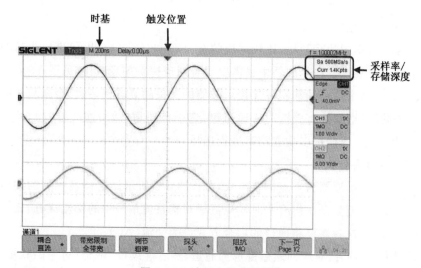

图 3.4.8 波形水平参数信息

3.水平位置旋钮

当需要改变波形水平方向位置时,旋转触发点水平位置旋钮,调整触发位置,可以使波形左右移动,图 3.4.8 中屏幕上方的"▼"指示了触发位置。顺时针旋转,使波形水平向右移动;逆时针旋转,使波形水平向左移动。默认设置下,波形位于屏幕水平方向的中心处。

4.滚动模式切换

当按下前面板的"Roll"键或水平挡位大于等于 50ms 时,示波器会进入滚动模式。在该模式下,示波器不触发。波形自右向左滚动刷新显示,波形水平位移和触发控制不起作用,水平挡位的调节范围为 50 ms～50 s。

5.水平时基模式切换

一般情况下,观察波形都是在 YT 模式下,也就是水平方向代表时间,垂直方向代表电压幅度。然而在有些情况下,还可以将时基显示模式切换为 XY 模式。在这种模式下,

X、Y 轴分别表示通道 1 和通道 2 的电压幅值。图 3.4.9 就是通过李萨如图形来观察两个同频率正弦波的相位关系,此时示波器工作在 XY 模式。YT 模式和 XY 模式的切换可以通过按示波器前面板的"Acquire"键后,再按屏幕下方选择菜单中的"XY 关闭"或"XY 开启"来实现。

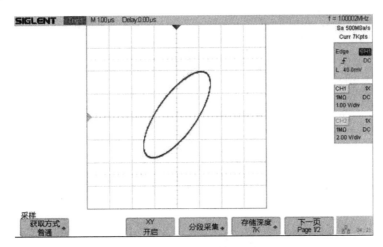

图 3.4.9　示波器的李萨如图形

3.4.7　触发控制

触发,是指按照需求设置一定的触发条件,当波形流中的某一个波形满足这一条件时,示波器即时捕获该波形和其相邻部分,并显示在屏幕上。只有稳定的触发才有稳定的显示。触发电路保证每次捕获的波形都满足设置的触发条件,使得本次采集的波形与前一次的波形相重叠,从而能够在屏幕上稳定地显示。

1. 触发控制面板及触发方式的选择

SDS1102X 数字示波器前面板的触发控制按键和旋钮如图 3.4.10 所示。

Setup:按下该键,打开触发功能菜单。SDS1102X 示波器提供边沿、斜率、脉宽、视频、窗口、间隔、超时、欠幅、码型和串行总线(IIC/SPI/URAT/RS232)等丰富的触发类型。

Auto:按下该键,切换触发模式为 AUTO(自动)模式。在该模式下,如果指定时间内未找到满足触发条件的波形,示波器将强制采集一帧波形数据,在示波器上稳定显示。该触发方式适用于测量直流信号或具有未知电平变化的信号。

图 3.4.10　触发控制

Normal:按下该键,切换触发模式为 Normal(正常)模式。在该模式下,只有在满足指定的触发条件后才会进行触发并刷新波形;否则,示波器屏幕上将维持前一次触发波形不变。该触发方式适用于较长时间才满足一次触发条件的情形。

:按下该键,切换触发模式为 Single(单次)模式。当输入的信号满足触发条件时,示波器即进行捕获并将波形稳定显示在屏幕上。此后,即使再有满足条件的信号,示波器也不予理会。需要再次测量时,须再次按下"Single"键。该方式适用于测量偶然出现的单次事件或非周期性信号,也可用于抓取毛刺等异常信号。

:旋转触发电平旋钮,设置触发电平。顺时针转动旋钮,增大触发电平;逆时针转动旋钮,减小触发电平。在修改触发电平的过程中,触发电平线上下移动,同时屏幕右上方显示的触发电平值出现相应的变化。按下该按钮,可快速将触发电平恢复至对应通道波形中心位置。

2. 触发信源的选择

SDS1102X 数字示波器的触发信源包括模拟通道(CH1、CH2)、外触发通道(EXT TRIG)、市电信号(AC Line)通道,可按示波器前面板触发控制区中的"Setup"键后再按下"信源",选择所需的触发信源(CH1/CH2/EXT/AC Line)。大部分情况下,选择模拟通道作为触发信源。

当选择模拟通道作为信源,且指定信源的输入信号满足触发条件时,示波器会完成一次触发,并将捕获的波形显示在屏幕上。为了保持波形的稳定,应选择信号稳定的触发源。例如,CH1 和 CH2 分别连接到两组波形相位关系保持相对稳定的正弦信号。如果CH1 输入波形比较平滑,而 CH2 输入波形上有较多的干扰信号,此时就可以选择 CH1 作为触发信源,而不选择 CH2。若选择 CH2 作为触发信源,CH2 波形上的干扰信号有可能触发示波器,导致波形不稳定。

需要注意的一点是,在显示多通道波形时,如果不同通道信号之间的相位不保持稳定,则示波器无法使所有通道的波形稳定地显示在屏幕上。

3. 边沿触发类型

SDS1102X 数字示波器提供边沿、斜率、脉宽等多种触发类型,而最常用的为边沿触发类型。本书以边沿触发为例介绍触发的设置方法。

边沿触发类型通过查找波形上的指定边沿(上升沿、下降沿、交替)来识别触发。在图 3.4.11 所示的波形中,触发电平为虚线所示。若选择上升沿触发,则触发会发生在触发点 1;若选择下降沿触发,则触发

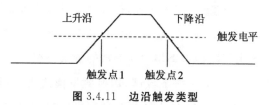

图 3.4.11　边沿触发类型

会发生在触发点 2;若为交替触发,则触发点 1 和触发点 2 都有可能引起触发。因而对于普通正弦信号,一般不选择交替触发,否则会引起波形左右跳动。

边沿触发类型设置方法如下:

① 在前面板的触发控制区中按下"Setup"键,打开触发功能菜单。

② 在"触发"菜单下,按"类型"软键,旋转多功能旋钮,选择"边沿",并按下该旋钮,以选中"边沿"触发(图 3.4.12)。

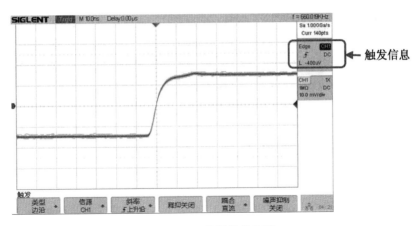

触发信息

图 3.4.12　边沿触发波形

③ 选择合适的触发源。当前所选择的触发源(如 CH1)显示在屏幕右上角的触发信息状态栏中。只有选择已接入信号的通道作为触发源,才能得到稳定的触发。

④ 按下"斜率"软键,旋转多功能旋钮,选择希望的边沿触发类型(上升沿、下降沿、交替),并按下旋钮以确认。所选边沿类型将显示在屏幕右上角的触发信息状态栏中。

⑤ 旋转触发电平旋钮,调节触发电平至触发源信号的最大值与最小值之间,使波形稳定触发。也可通过按下该旋钮,将触发电平自动设置到触发源信号幅值的 50%。

3.4.8　测量功能

在 SDS1102X 数字示波器中使用测量功能"Measure"可对波形进行自动测量。自动测量包括电压参数测量、时间参数测量和延迟参数测量。如峰峰值、有效值、频率、占空比等参数均可使用测量功能直接读取。

按以下方法选择参数进行自动测量。

① 按下"Measure"键,屏幕下方会出现自动测量菜单。

② 按下"信源"软键,旋转多功能旋钮,选择要测量的波形通道。通道只有在开启状态下才能被选择。

③ 按下"类型"软键,屏幕上出现如图 3.4.13 所示的测量参数选择菜单。旋转多功能旋钮,选择要测量的参数并按下,该参数测量值即显示在屏幕底部。

④ 若要测量多个参数值,可继续选择参数。屏幕底部最多可同时显示 5 个参数值,并按照选择的先后次序依次排列。此时若要继续添加下一参数,则当前显示的第一个参数值自动被删除。

⑤ 当通道 1 和通道 2 均被打开时,勾选"CH1－CH2"后,还可以对两个通道波形的相位差及延迟进行测量。

⑥ 按下"清除测量"软键,可清除当前屏幕显示的所有测量参数。若要清除当前显示参数中的某一个,可以旋转多功能旋钮至需要清除的参数并按下此旋钮,此时该参数前的勾选符号即会消除,同时屏幕下方的测量参数也会消失。

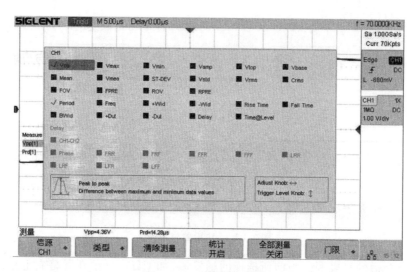

图 3.4.13　测量类型选择

3.4.9　光标功能

利用示波器的光标功能可以对信号进行自定义电压、时间及相位的测量。光标测量界面如图 3.4.14 所示。

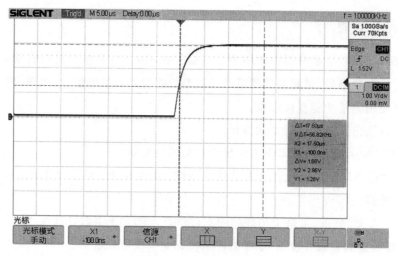

图 3.4.14　光标测量界面

示波器的光标包含 X 和 Y 两种，可以分别用来手动测量时间和电压。

1．X、Y 光标

（1）X 光标

X 光标为用于测量水平时间（若为"Math"通道且选择了当 FFT 数学函数时，X 光标指示频率）的垂直虚线。一共有两条 X 光标，分别为 X1 和 X2。调节多功能旋钮，可以移动 X1 或 X2 光标。同时 X1 和 X2 光标对应的时间及两者的时间差 ΔT 和倒数 $\dfrac{1}{\Delta T}$ 显示在当前光标信息区域。

　　按下多功能旋钮,可以在 X1、X2 和 X1－X2 之间切换。只有当前被选中的光标可以通过多功能旋钮来移动。当 X1－X2 被选中时,X1 和 X2 光标将同时移动且保持间隔不变。

　　(2) Y 光标

　　Y 光标为用于测量电压的水平虚线。当信源为"Math"通道时,测量单位对应于"Math"通道所选择的数学函数。与 X 光标一样,Y 光标也有两条且可以通过按下多功能旋钮在 Y1、Y2 和 Y1－Y2 之间切换。

2. 使用光标进行测量

光标测量方法如下:

　　① 按下示波器前面板的"Cursors"键,快速开启光标,并进入"光标"菜单。

　　② 按下"光标模式"软键,选择"手动"或"追踪"模式。在"手动"模式下可以单独调整和测量 X 和 Y 的光标位置。而在"追踪"模式下,X、Y 光标的交点将沿着波形移动。

　　③ 按下"信源"软键,然后旋转多功能旋钮,选择待测量信源通道。可选择的信源包括模拟通道 CH1/CH2 及 MATH 波形。信源必须为开启状态,才能被选择。

　　④ 选择并移动光标进行测量。

　　若要测量时间值,可使用多功能旋钮将 X1 和 X2 调至所需位置后读取其对应的时间值或时间差。

　　若要测量电压值,可使用多功能旋钮将 Y1 和 Y2 调至所需位置后读取其对应的电压值或电压差。

　　图 3.4.15 显示了测量波形峰峰值和周期的方法,图中的 ΔV 和 ΔT 分别为波形的峰峰值及周期。

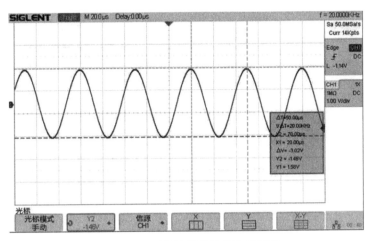

图 3.4.15　测量波形的峰峰值及周期

3.4.10　数学波形运算功能

SDS1102X 数字示波器支持的数学波形运算包括算数运算(加、减、乘、除)、FFT 及数学函数运算（微分、积分、平方根）。

在有些电路中，需要测量某两个节点之间的波形，而这两个节点均不是地线。在这种情况下，如果没有差分探头就没法直接测量。但是可以用两个通道分别测量这两个节点的波形，再利用示波器的波形运算功能将两个通道的波形相减来实现。

将两个通道的波形相加或相减，CH1 和 CH2 的波形将逐点相加或相减并显示在屏幕上。此处以两个模拟通道做加法为例，介绍示波器波形运算功能的使用方法。图 3.4.16 显示了 CH1 和 CH2 相加后的波形。

① 按下示波器前面板的"Math"键，打开"数学"菜单。

② 按下屏幕下方的"操作"软键，并旋转多功能旋钮，选择"＋"。

③ 分别按下屏幕下方的"信源 A"软键和"信源 B"软键，并旋转多功能旋钮，选择"通道"，此时相应波形运算结果即以白色波形显示出来，并用"M"标记。

④ 若要使波形呈反向显示，可按下"反相"软键，切换到"开启"，从而激活反相显示。

⑤ 选中"垂直挡位"或"垂直位移"，可通过多功能旋钮设置合理的挡位和位移。

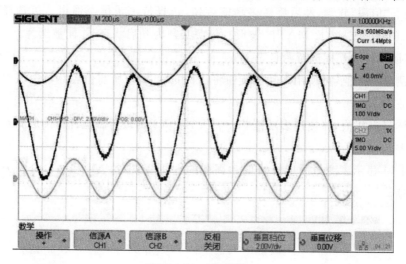

图 3.4.16 **波形相加**

第 4 章

电子电路计算机辅助分析与设计

4.1　Multisim 软件概述

随着现代电子技术和计算机技术的不断发展和进步,电子电路的计算机辅助设计(EDA)得到了广泛的普及。EDA 借助计算机强大的功能,使得电子电路的设计、性能指标的测试及仿真等烦琐的任务变得较简单。

4.1.1　Multisim 软件简介

Multisim 是 Interactive Image Technologies (Electronics Workbench)公司推出的以 Windows 为基础的仿真工具,适用于板级的模拟/数字电路板的设计工作,它包含了电路原理图的图形输入、电路硬件描述语言输入方式,具有丰富的仿真分析能力。Interactive Image Technologies (Electronics Workbench)在被美国 NI 公司收购后,Multisim 更名为 NI Multisim。为适应不同的应用场合,Multisim 推出了许多版本,用户可以根据自己的需要加以选择。

NI Multisim(教学版)是用于模拟、数字、电力电子课程和实验的电路教学应用软件,它将业界标准的 SPICE 仿真与交互式电路图设计环境集成在一起,可在进行理论设计的同时查看和分析电子电路,其直观的界面便于学生理解电路理论,并高效地记忆工程课程的理论。

NI Multisim 易学易用,电子信息、通信工程、自动化、电气控制类等专业的学生可自学使用,利用它可开展综合性的设计和实验,培养学生的综合分析能力、开发和创新的能力。NI Multisim 软件具有以下一些特点:

• NI Multisim 用软件的方法仿真电子与电工元器件,虚拟电子与电工仪器和仪表,实现了“软件即元器件”“软件即仪器”。

• NI Multisim 的元器件库提供了数千种电路元器件供实验选用,同时也可以新建或扩充已有的元器件库,而且建库所需的元器件参数可以从生产厂商的产品使用手册中查到,因此也可很方便地用于工程设计中。

• NI Multisim 的虚拟测试仪器仪表种类齐全,有一般实验用的通用仪器,如多用表、函数信号发生器、示波器、直流电源,还有一般实验室少有或没有的仪器,如波特图仪、字信号发生器、逻辑分析仪、逻辑转换器、失真仪、频谱分析仪和网络分析仪等。

• NI Multisim 具有较为详细的电路分析功能,可以完成电路的瞬态和稳态分析、时域和频域分析、器件的线性和非线性分析、电路的噪声和失真分析、离散傅立叶分析、电路零极点分析、交直流灵敏度分析等,帮助设计人员分析电路的性能。

• NI Multisim 可以设计、测试和演示各种电子电路,包括模拟电路、数字电路、射频电路及微控制器和接口电路等,可以对被仿真的电路中的元器件设置各种故障,如开路、短路和不同程度的漏电等,从而观察不同故障情况下的电路工作状况。在进行仿真的同时,软件还可以存储测试点的所有数据,列出被仿真电路的所有元器件清单,存储测试仪器的工作状态,显示波形和具体数据等。

• 利用 NI Multisim 还可以实现计算机仿真设计与虚拟实验。与传统的电子电路设计与实验方法相比,它具有如下特点:设计与实验可以同步进行,可以边设计边实验,修改调试方便;设计和实验用的元器件及测试仪器仪表齐全,可以完成各种类型的电路设计与实验;可方便地对电路参数进行测试和分析;可直接打印输出实验数据、测试参数、曲线和电路原理图;实验中不消耗实际的元器件,实验所需元器件的种类和数量不受限制,实验成本低,实验速度快,效率高;设计和实验成功的电路可以直接在产品中使用。

4.1.2　Multisim 界面和菜单

下面以 Multisim 14.0 为例,介绍使用 Multisim 软件进行电路仿真的操作方法。Multisim 软件以图形界面为主,采用菜单、工具栏和热键相结合的方式,具有一般 Windows 应用软件的界面风格,用户可以根据自己的习惯和熟练程度自如使用。

1. Multisim 的主窗口界面

启动 Multisim 14.0 后,将出现如图 4.1.1 所示的界面。

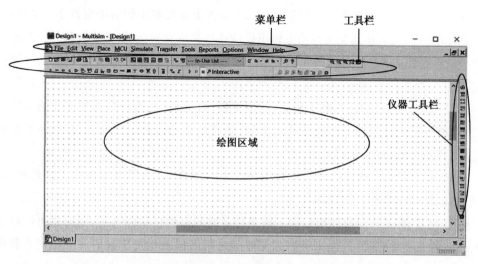

图 4.1.1　主窗口界面

界面由多个区域构成,如菜单栏、各种工具栏、电路编辑窗口、状态条、列表框等。通过对各部分的操作,可以实现电路图的绘制、编辑,并根据需要对电路进行相应的观测和分析。用户可以通过菜单或工具栏改变主窗口的视图内容。

2.菜单栏

菜单栏位于界面的上方,如图 4.1.2 所示,通过菜单可以对 Multisim 的所有功能进行操作。

File Edit View Place MCU Simulate Transfer Tools Reports Options Window Help

图 4.1.2　Multisim 的主菜单

不难看出菜单中有一些与大多数 Windows 平台上的应用软件一致的功能选项,如"File""Edit""View""Options""Window""Help"。此外,还有一些 EDA 软件专用的选项,如"Place""Simulate""Transfer""Tools"等。

(1)"File"菜单

"File"菜单中包含了对文件和项目的基本操作及打印等命令(表 4.1.1)。

表 4.1.1　"File"菜单命令

命令	功能
New	创建一个新的电路设计文件,可以选择不同的模板进行创建
Open	打开一个已经存在的电路设计文件。按下这一选项后,会弹出一个文件浏览器窗口,可以选择想要打开的文件的路径
Open samples	打开一个包含样例和教程文件的目录
Close	关闭当前打开的电路设计文件。如果在上次保存之后文件有所修改,系统会提醒在关闭文件前是否要进行保存
Close all	关闭正处于打开状态的所有电路设计文件。如果在上次保存之后文件有所修改,系统会提醒在关闭文件前是否要进行保存
Save	保存当前打开的电路设计文件。如果这是文件第一次被保存,会弹出文件浏览器窗口。文件名的后缀是".ms14"
Save as	保存当前电路到一个新的电路设计文件中
Save all	保存所有打开的电路设计文件
Snippets	可以把当前设计或部分设计保存为片段,也可以把保存的片段粘贴到当前设计中
Projects and packing	用于创建、打开、保存、关闭 Multisim 工程文件
Print	打开一个标准的打印界面
Print preview	打印预览
Print options	用于打印当前电路图纸的页边距、打印方向等参数的设置
Recent designs	给出最近打开过的设计文件列表
Recent projects	给出最近打开过的 Multisim 工程文件列表
File information	给出当前文件的信息
Exit	软件结束,退出

（2）"Edit"菜单

"Edit"菜单提供了类似于图形编辑软件的基本编辑功能，用于对电路图进行编辑（表 4.1.2）。

表 4.1.2 "Edit"菜单命令

命令	功能
Undo	撤销操作
Redo	恢复操作
Cut	剪切选中的器件、电路和文字。剪切的内容保存在剪切板中
Copy	复制选中的器件、电路和文字。复制的内容保存在剪切板中
Paste	粘贴保存在剪切板中的内容
Delete	永久性地移除选中的器件、电路和文字
Select all	选中活动窗口中的所有项。如果想从选中的所有项中取消某些项的选择，可按<Ctrl>键
Delete multi-page	如果想从包含多个页面的电路文件中删除其中的某些页面，可以使用此选项
Paste as subcircuit	选中剪贴板中的内容，粘贴为一个子电路
Find	显示"Find"对话框，用于查找器件
Graphic annotation → Pen color	显示调色板，用于修改电路中的图形组件轮廓的颜色
Graphic annotation → Pen style	修改电路中的图形组件的外观风格
Graphic annotation → Fill color	显示调色板，修改电路中的图形组件的填充颜色
Graphic annotation → Fill type	修改电路中的图形组件的填充透明度
Graphic annotation → arrow	选择各种类型的箭头
Order	修改选中的图形组件所在的显示次序
Assign to layer	将选中的内容分配到一个注释层
Layer settings	设置电路图中可以显示的信息
Orientation → Flip horizontal	将选中的内容进行水平翻转
Orientation → Flip vertical	将选中的内容进行垂直翻转
Orientation → Rotate 90 clockwise	将选中的内容顺时针旋转 90°
Orientation → Rotate 90 counter clockwise	将选中的内容逆时针旋转 90°

续表

命令	功能
Title Block Position → Bottom left	把标题栏放在图纸的左下部
Title Block Position → Bottom right	把标题栏放在图纸的右下部
Title Block Position → Top left	把标题栏放在图纸的左上部
Title Block Position → Top right	把标题栏放在图纸的右上部
Edit Symbol/Title block	对选中的元器件符号或标题栏进行编辑
Font	显示图纸中的文本字体对话框
Comment	编辑选中的注释内容
Forms/questions	用于制作与当前电路有关的信息、问题记录表格
Properties	编辑电路文件中的各项属性

（3）"View"菜单

通过"View"菜单命令可以决定使用软件时的视图，对一些工具栏和窗口进行控制（表 4.1.3）。

表 4.1.3　"View"菜单命令

命令	功能
Full screen	全屏显示电路窗口
Parent sheet	显示子电路或分层电路的上一级电路
Zoom in	放大
Zoom out	缩小
Zoom area	放大选中区域
Zoom fit to page	在工作空间窗口中恰好显示完整电路
Zoom to magnification	按照所设倍数放大
Zoom selection	以所选电路部分为中心进行放大
Grid	显示和隐藏栅格
Border	显示或隐藏电路边界
Print page bounds	在打印的电路图上显示或隐藏页边界
Ruler bars	显示或隐藏标尺条
Status bar	显示或隐藏状态栏
Design Toolbox	显示或隐藏设计工具箱
Spreadsheet View	显示或隐藏数据表格栏
SPICE netlist Viewer	显示或隐藏当前电路的 SPICE 网络表

续表

命令	功能
LabVIEW Co-simulation Teminals	显示或隐藏基于 LabVIEW 的仿真终端
Circuit parameters	显示或隐藏电路参数表格栏
Description Box	打开电路描述窗口,用于对电路进行注释
Toolbars	显示或隐藏各种工具栏
Show comment/probe	显示或隐藏注释或静态探针的信息框
Grapher	显示或隐藏仿真分析图表

（4）"Place"菜单

通过 Place 命令,将所选的器件或模块放置在电路图中（表 4.1.4）。

Multisim 有三种方式：Multi-page(多页面)、Subcircuit(子电路)、Hierarchical block(层次电路块),实现电路的模块化设计。Multi-page 可以实现在一个设计里放置多个页面,不同页面内的元件连接使用 off-page connector 实现跨页面连接(注意只能在一个设计内)；Subcircuit 可以在一个设计内,将一个模块封装,只保留对外的端口；Hierarchical block 可以将一个文件封装,只保留对外的端口(优势在于可以跨文件)。

设置方式都可以在"Place"菜单中找到。

表 4.1.4　"Place"菜单命令

命令	功能
Component	打开器件数据库(Master Database,Corporate Database and User Database),选择要放置的器件
Junction	放置节点
Wire	放置导线
Bus	放置总线
Connectors	放置各种类型的连接器(如输入标记连接器、输出标记连接器等)
New hierarchical block	建立一个新的层次电路模块
Hierarchical block from File	从文件获取一个层次电路模块
Replace by hierarchical block	用层次电路模块替换所选电路
New subcircuit	放置一个不包含任何器件的子电路
Replace by subcircuit	用子电路替换所选电路,子电路为选中的电路部分
Multi-page	产生一个新的电路图页面
Bus vector connect	放置总线矢量连接,将一个器件的管脚和总线中的某一根线连接起来
Comment	为器件增加一个注释,当器件移动时,注释也跟着移动
Text	放置文本
Graphics	放置图形
Circuit parameter legend	放置电路参数图例,用于仿真时显示电路参数电路
Title Block	放置标题栏

（5）"MCU"菜单

通过"MCU"菜单，可以对包含有 MCU 的嵌入式设备提供软件仿真功能，设置程序断点，选择暂停或单步执行程序，实时检查嵌入式系统中的寄存器、内存等。菜单中的功能只存在于有些版本的 Multisim 软件中，这里就不再详细介绍了。

（6）"Simulate"菜单

通过"Simulate"菜单命令，可执行仿真分析命令（表 4.1.5）。

表 4.1.5　"Simulate"菜单命令

命令	功能
Run	启动仿真
Pause	暂停仿真
Stop	停止仿真
Analyses and simulation	在此菜单项下可进一步选择分析方法，然后进行仿真
Instruments	可以在这个菜单项下进一步选择各种仪器进行仿真
Mixed-mode simulation setting	混合模式仿真设置。当电路中包含数字元件时，在仿真的速度还是精度上做选择
Probe settings	设置探针的默认设置参数
Reverse probe direction	探针极性反向
Locate reference probe	高亮显示与选中探针相关的参考探针
NI ELVIS simulation setting	NI ELVIS 软件仿真设置
Postprocessor	获取之前所采用的各种分析方法得到的分析结果
Simulation Error Log/audit trail	显示仿真错误信息
XSPICE command line interface	显示 XSPICE 命令界面
Load simulation settings	导入仿真设置
Save simulation settings	保存仿真设置
Auto fault option	自动设置故障选项
Clear Instrument data	仪器测量结果清零
Use tolerances	允许误差量设置

（7）"Transfer"菜单

利用"Transfer"菜单提供的命令可以方便地将 Multisim 中设计的电路图或仿真数据转换为其他 EDA 软件所需要的文件格式，或者把其他 EDA 软件所使用的文件格式转换为 Multisim 软件所需要的文件格式（表 4.1.6）。

表 4.1.6　"Transfer"菜单命令

命令	功能
Transfer to Ultiboard	将设计从 Multisim 文件传送到 Ultiboard 文件中,进行 PCB 制版
Forward annotate to Ultiboard	将设计中的注释从 Multisim 文件传送到已经存在的 Ultiboard 文件中
Backward annotate from file	将设计中的注释从 Ultiboard 文件传回到 Multisim 文件中
Export to PCB layout	导出到其他 PCB 制图软件
Highlight selection in Ultiboard	当 Ultiboard 运行时,Multisim 中选中的器件在对应的 Ultiboard 中高亮显示

（8）"Tools"菜单

"Tools"菜单主要提供针对元器件的编辑与管理的命令（表 4.1.7）。

表 4.1.7　"Tools"菜单命令

命令	功能
Component wizard	元器件创建向导
Database	在此菜单项下进一步对元器件库进行管理
Variant manager	变更管理器
Set active variant	设置动态变更
Circuit wizards	电路创建向导,用于创建不同用途的电路
Advanced RefDes Configuration	为元器件重命名、重编号
Replace components	替换元器件
Update components	更新电路元器件
Update subsheet symbols	更新子电路符号
Electrical rules check	电气规则检查
Clear ERC markers	清除电气规则检查标记
Toggle NC marker	放置 NC(无连接点)标记
Symbol Editor	符号编辑器
Title Block Editor	标题栏编辑器
Description Box Editor	电路描述编辑器
Capture screen area	电路图截图

（9）"Reports"菜单

"Reports"菜单中的命令用于产生各种针对元器件信息的报告（表 4.1.8）。

表 4.1.8　"Reports"菜单命令

命令	功能
Bill of materials	打印设计的材料清单（BOM）。材料清单列表中给出了设计的电路板上的所有元器件信息
Component detail report	给在数据库中选中的元器件产生一个该元器件详细信息的报告
Netlist report	打印设计的每一个元器件的连接信息
Cross reference report	打印当前设计的所有元器件的详细列表
Schematic statistics	以列表方式产生一个统计报告,包括实际元器件和虚拟元器件的数量、网络连线的数量等
Spare gates report	产生一个列表报告,指出当前设计的多逻辑门器件中有哪些逻辑门还未被使用

（10）"Options"菜单

通过"Option"菜单命令,可以对软件的运行环境进行定制和设置(表 4.1.9)。

表 4.1.9　"Options"菜单命令

命令	功能
Global options	全局参数设置
Sheet properties	电路图或子电路图属性参数设置
Lock toolbars	锁定工具栏
Customize interface	定制用户界面

（11）"Window"菜单

"Window"菜单提供了与窗口操作有关的命令(表 4.1.10)。

表 4.1.10　"Window"菜单命令

命令	功能
New window	创建现有窗口的副本
Close	关闭活动文件
Close all	关闭所有打开的窗口
Cascade	排列设计窗口,使打开的设计窗口重叠
Tile horizontally	调整所有打开的设计窗口的大小,以便它们都以水平方向显示在屏幕上。这样可以快速扫描所有打开的文件
Tile vertically	调整所有打开的设计窗口的大小,以便它们都以垂直方向显示在屏幕上。这样可以快速扫描所有打开的文件
List windows	列出打开的 Multisim 设计文件,选择一个将其激活
Next window	显示下一个窗口
Previous window	显示前一个窗口

（12）"Help"菜单

"Help"菜单提供了对 Multisim 的在线帮助和辅助说明（表 4.1.11）。

表 4.1.11 Help 菜单项命令

命令	功能
Multisim help	帮助主题目录
Component reference	帮助主题索引
Patents	专利信息
Release notes	版本注释
File information	当前电路图的文件信息
About multisim	关于当前 Multisim 版本等的说明

3．工具栏

Multisim 14.0 提供了多种工具栏，并以层次化的模式加以管理，用户可以通过"View"菜单中的选项方便地将顶层的工具栏打开或关闭，再通过顶层工具栏中的按钮来管理和控制下层的工具栏。通过工具栏，用户可以方便直接地使用软件的各项功能。

顶层的工具栏有："Standard"工具栏、"Main"工具栏、"Simulation"工具栏、"View"工具栏、"Components"工具栏、"Virtual"工具栏、"Graphic Annotation"工具栏、"Instruments"工具栏。

• "Standard"工具栏包含了常见的文件操作和编辑操作，如图 4.1.3 所示。

• "Main"工具栏里给出了当前设计的相关原理图信息及数据库管理相关操作，比如在"In Use List"下拉列表中就可以看到当前活动原理图中使用的元器件列表，可以通过"Database Manager"按钮和"Component Wizard"按钮对已有元件进行编辑或创建新的元件。具体的内容可以从 Multisim 的在线文档中获取，如图 4.1.4 所示。

图 4.1.3 **"Standard"工具栏**

图 4.1.4 **"Main"工具栏**

• 用户可以通过"View"工具栏方便地调整所编辑电路的视图大小（图 4.1.5）。

• "Simulation"工具栏可以控制电路仿真的开始、结束和暂停（图 4.1.6）。通过"Interactive"按钮，可以弹出"Analyses and simulation"菜单，用户可以进一步选择所需要的仿真分析方法。

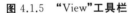

图 4.1.5　"View"工具栏

图 4.1.6　"Simulation"工具栏

• "Components"工具栏包含了与 Multisim 软件主界面中"Place"→"Component"菜单项相对应的各种类型元件的按钮,该工具栏有 20 个按钮,通过按钮上的图标就可大致清楚该类元器件的类型,比如"Place Source"按钮、"Place Basics"按钮等,如图 4.1.7 所示。

　　Multisim 里还有着比"Components"工具栏分类更为细致的某一类元器件的工具栏。以"Power source components"工具栏为例,通过这个工具栏可以选择电源和信号源类的元器件,如图 4.1.8 所示。

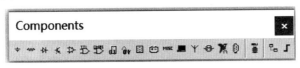

图 4.1.7　"Components"工具栏

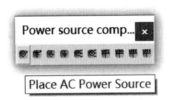

图 4.1.8　"Power source components"工具栏

• "Virtual"工具栏(图 4.1.9)和"Components"工具栏类似,只是这个工具栏用于放置虚拟而非实际的元器件。

• "Graphic Annotation"工具栏里的按钮可用于绘制各种图形(图 4.1.10)。

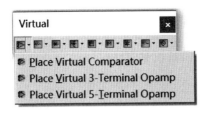

图 4.1.9　"Virtual"工具栏

图 4.1.10　"Graphic Annotation"工具栏

• "Instruments"工具栏集中了 Multisim 为用户提供的所有虚拟仪器仪表(图 4.1.11),用户可以通过单击相应的按钮,选择自己需要的仪器,对电路进行观测。

图 4.1.11　"Instruments"工具栏

4.1.3 Multisim 对元器件的管理

EDA 软件所能提供的元器件的多少及元器件模型的准确性都直接决定了该 EDA 软件的质量和易用性。Multisim 为用户提供了丰富的元器件，并以开放的形式管理元器件，使得用户能够自己添加所需要的元器件。

Multisim 以库的形式管理元器件，通过菜单"Tools"→"Database"→"Database manager"，打开"Database Manager"对话框（图 4.1.12），对元器件库进行管理。

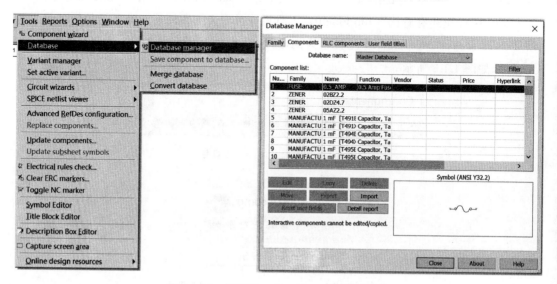

图 4.1.12　打开"Database Manager"对话框

在"Database Manager"对话框中的"Database name"列表中有三个数据库："Master Database""Corporate Database""User Database"。"Master Database"包含所有只读格式的已装载元件，"Corporate Database"用于保存与同事共享的自定义元件，"User Database"保存的自定义元件只能由特定设计人员使用。在刚安装好的软件里，"Corporate Database""User Database"中没有数据。"Master Database"中的元器件是只读的，不能进行修改；若要对元器件进行编辑、修改，可以复制"Master Database"中的元器件，修改后保存在"Corporate Database"或"User Database"数据库中。

在"Master Database"中有实际元器件和虚拟元器件，若设计时选用与实际元器件的型号、参数值及封装都相对应的元器件，不仅可以使设计仿真与实际情况有良好的对应性，而且可以直接将设计导出到 NI 公司的另一个 PCB 制版软件 Ultiboard 中，进行 PCB 的设计；虚拟元器件的参数值是该类器件的典型值，不与实际器件对应，用户可以根据需要改变器件模型的参数值。

在元器件类型列表中，虚拟元器件类的后缀标有 VIRTUAL，如图 4.1.13 所示。

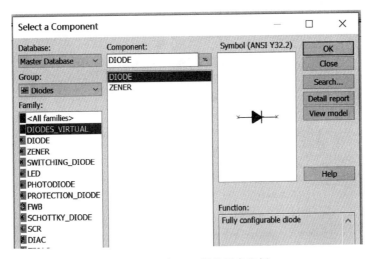

图 4.1.13　虚拟元器件列表实例

4.1.4　绘制并编辑电路

绘制电路图是分析和设计工作的第一步,用户从元器件库中选择需要的元器件放置在电路图中并连接起来,为分析和仿真做准备。

1. 设置 Multisim 的通用环境变量

为了适应不同的需求和用户习惯,用户可以选择"Options"菜单命令完成用户的设置,"Options"菜单命令如图 4.1.14 所示,用户可以就软件上的存储路径,元件符号,原理图,PCB 图的尺寸、缩放比例、自动存储时间等,还有不同工具栏所使用的快捷键等内容做相应的设置。

图 4.1.14　"Options"
菜单命令

以菜单项"Global options"为例,当选中该菜单项时,弹出一个对话框,再以其中的"Components"选项卡为例,当选中该选项卡时,"Global Options"对话框内容如图 4.1.15 所示。

在该对话框中有 3 个分项:

• Place component mode:可以设置是否可以连续放置元件、一个元件放置完成后的后续操作设置等。

• Symbol standard:元件符号采用 ANSI 标准(美国标准)还是 IEC 标准(国际电工委员会标准)。

• View:移动元件各部分时的显示方式。

其余的标签在此不再详述。

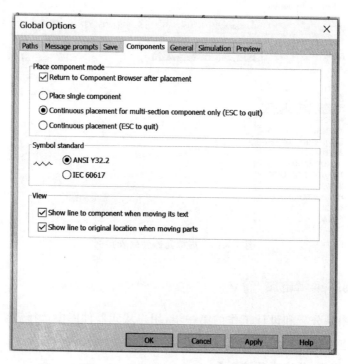

图 4.1.15 "Global Options"**对话框**

2. 取用元器件

取用元器件的方法有两种：从工具栏取用或从菜单取用。下面将以 74LS00 为例说明两种方法。

（1）从工具栏取用

从 TTL 工具栏中选择"All families"选项，打开这类器件的元件浏览窗口，如图 4.1.16 所示。其中包含的字段有"Database Name"（元器件数据库）、"Component Family"（元器件类型列表）、"Component Name List"（元器件名列表）、"Symbol"（电路符号）、"Model manufacturer/ID"（模型制造商）等内容。

（2）从菜单取用

选择"Place"→"Component"命令，打开元件浏览窗口。用这种方法打开的窗口和用前一种方法打开的窗口一致。

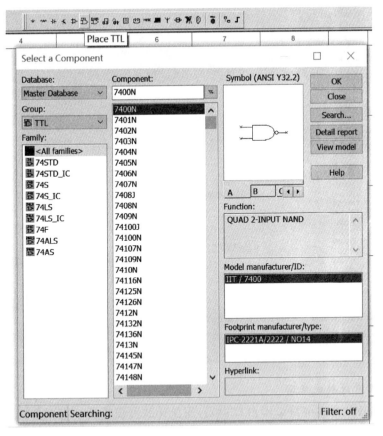

图 4.1.16　元件浏览窗口

3.多部件元件的选取

多部件元件是指在一个芯片中有多个具有相同功能的子部件,以 7400 为例,它是一个四/二输入与非门,包含了四个独立工作的二输入与非门,但这四个部件共用电源管脚和地管脚。下面再以选取 7400N 中的一个二输入与非门为例,介绍多部件元件的选取方法。从主界面的菜单中选取"Place"→"Component",弹出"Select a Component"窗口,如图 4.1.17(a)所示,可以看到在元件列表中有一项 7400N,选中后单击"OK"按钮,弹出如图 4.1.17(b)所示的窗口。图 4.1.17(b)中的"New/U1"表示是选择一个新的器件,还是原有的器件 U1,选项 A/B/C/D 分别代表某一个器件中的一个与非门,用鼠标选中其中的一个放置在电路图编辑窗口中。器件在电路图中显示的图形符号,用户可以在 4.1.17(a)中的"Symbol"选项框中预览到。当器件放置到电路编辑窗口中后,用户就可以进行移动、复制、粘贴等编辑工作了,在此不再详述。

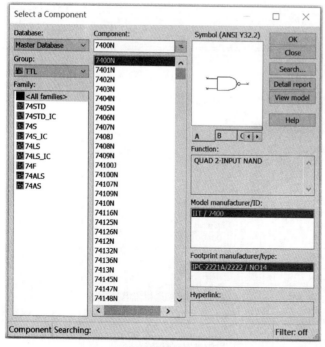

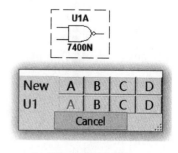

(a) 元件浏览窗口　　　　　　　　(b) 器件选择备选窗口

图 4.1.17　多部件元件选取界面

4. 将元器件连接成电路

在将元器件放置在电路编辑窗口中后,用鼠标就可以方便地将器件连接起来。方法是用鼠标单击连线的起点并拖动鼠标至连线的终点。在 Multisim 中连线的起点和终点不能悬空。

4.1.5　虚拟仪器及其使用

对电路进行仿真运行,通过对运行结果的分析,判断设计是否正确合理,这是 EDA 软件的一项主要功能。为此,Multisim 为用户提供了类型丰富的虚拟仪器,可以从 "View"→"Toolbars"→"Instruments"工具栏(图 4.1.18)或用菜单命令"Simulate"→"Instruments"(图 4.1.19)选用这 21 种仪器。在选用后,各种虚拟仪器都以面板的方式显示在电路中。

图 4.1.18　"Instruments"工具栏

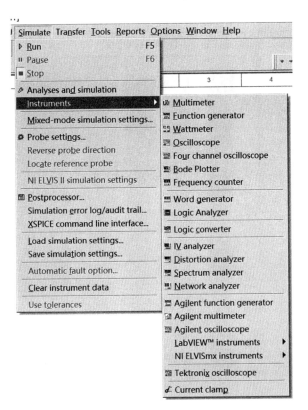

图 4.1.19　"Simulate"菜单中的仪器选项列表

表 4.1.12 给出了 21 种虚拟仪器的名称及表示方法。

表 **4.1.12**　**Multisim 中的虚拟仪器**

菜单上的仪器名称（英文）	对应按钮	仪器名称（中文）	用途
Multimeter		多用表	用于测量 AC/DC 电压、电流、电阻或者电路中两个节点之间的分贝损耗
Function generator		波形发生器	用于产生正弦波、三角波或方波的电压信号源
Wattermeter		瓦特表	用于测量电路中一个电流终端的功率，并显示其功率因数
Oscilloscope		双通道示波器	用于测量电信号的幅度和频率的变化，具有两路通道
Four channel oscilloscope		四通道示波器	用于测量电信号的幅度和频率的变化，具有四路通道
Bode Plotter		波特图图示仪	用于测量一个信号的电压增益和相移。当将仪器接入一个电路中时，可以进行电路的频谱分析

菜单上的仪器名称(英文)	对应按钮	仪器名称(中文)	用途
Frequency counter		频率计数器	用于测量周期信号的频率
Word generator		字元发生器	用于产生 32 位的数字字元给仿真的数字电路
Logic Analyzer		逻辑分析仪	显示多达 16 个数字信号的逻辑电平,被用于复杂系统设计或电路调试中快速确定逻辑状态或时序分析
Logic converter		逻辑转换仪	是一个实际并不存在的数字电路分析仪器,可以将一个数字电路转换为真值表、布尔表达式,或者反过来把真值表、布尔表达式转换为数字电路
Distortion analyzer		失真度分析仪	用于对 20 Hz~100 kHz 的信号(包含音频信号)的失真度进行测量,可以测量总的谐波失真(THD)及信纳比(SINAD,即信号、噪声、谐波的功率之和与噪声、谐波的功率之和的比值)
Spectrum analyzer		频谱分析仪	用于测量系统的幅频特性和相频特性
Network analyzer		网络分析仪	用于测量电路的分布参数(或者 S - 参数),这些参数能反映电路的高频特性
IV analyzer		伏安特性分析仪	用于测试半导体器件如二极管、NPN 管等的伏安特性曲线
Agilent function generator		安捷伦 33120A 信号发生器	可输出高达 15MHz 的任意信号,功能见 Agilent 仪器手册
Agilent multimeter		安捷伦 34401A 多用表	是一个 6 位半的多用表,功能见 Agilent 仪器手册
Agilent oscilloscope		安捷伦 54622D 示波器	是 2 通道模拟输入、16 路数字输入、带宽 100MHz 的数字示波器,功能见 Agilent 仪器手册
Tektronix oscilloscope		泰克 TDS2024 示波器	是 4 通道模拟输入、带宽为 200MHz 的数字示波器,功能见 Tektronix 仪器手册

菜单上的仪器名称(英文)	对应按钮	仪器名称(中文)	用途
Current clamp		电流探针	和示波器结合,可以在示波器上看到放置电流探针支路中的电流波形
LabVIEW™ instruments		LabVIEW 虚拟仪器	使用 LabVIEW 软件创建的各种仪器
NI ELVISmx instruments		NI ELVISmx 虚拟仪器软件	NI 公司的一款虚拟仪器产品,包括多种虚拟仪器,需要安装 NIELVISmx 软件

下面给出一个同相比例运算放大器电路的仿真过程。通过这个例子,可以初步了解软件中虚拟仪器的使用方法。如图 4.1.20 所示,该同相运算放大器配置有一个有源元件(运算放大器)和两个无源电阻元件,用于完成反馈电路,从而为此电路提供增益,增益通过下列表达式计算:增益 $= 1 + \dfrac{R_1}{R_2}$。因此,如果 $R_1 = R_2$,则增益等于 2,可在 Multisim 中运行交互式仿真时进行验证。

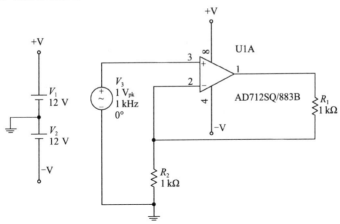

图 4.1.20 同相比例运算放大器电路

仿真过程分为三个步骤。

1. 选择元件

① 选择"所有程序"→"National Instruments"→"Circuit Design Suite 14.0"→"Multisim 14.0",打开 Multisim 界面。

② 选择"Place"→"Component",出现"Select a Component"窗口(也称"Component Browser"窗口),如图 4.1.21 所示。

③ 在"Group"下选择"Sources"组并高亮显示"POWER_SOURCES"系列。

④ 在"Component"下选择"GROUND"元件(图 4.1.21)。

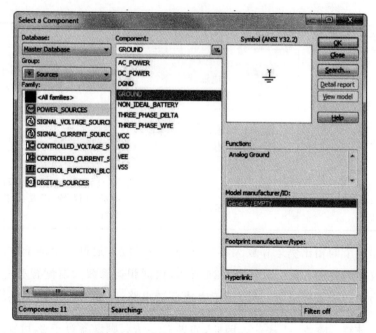

图 4.1.21 "Select a Component"窗口

⑤ 单击"OK"按钮,"Select a Component"窗口暂时关闭,接地符号被"粘附"到鼠标指针上。

⑥ 移动鼠标至工作区的合适位置并单击,可放置元件。放置元件后,"Select a Component"窗口将再次自动打开。

⑦ 再次回到"Group"下选择"Sources"组并高亮显示"POWER_SOURCES"系列(之前的元件如"GROUND"会高亮显示)。

⑧ 选择"DC_POWER"元件。

⑨ 在电路图上放置"DC_POWER"元件。

⑩ 重复步骤⑦⑧⑨,放置第二个"DC_POWER"元件。

⑪ 选择"Analog"组和"OPAMP"系列。

⑫ 在"Component"栏中输入"AD712"。

⑬ 选择"AD712SQ/883B"元件,该元件是一个多部件元件,有 A 和 B 两个选项卡,如图 4.1.22 所示。

⑭ 将 AD712SQ/883B 元件的 A 部件放置在工作区域。

⑮ 返回"Select a Component"窗口。

⑯ 在"Group"下选择"Basic"组,找到其中的"Resistor"系列。

⑰ 选择一个 1 kΩ 电阻。

⑱ 放置电阻。

⑲ 重复步骤⑯⑰⑱,可再放置一个 1 kΩ 电阻。

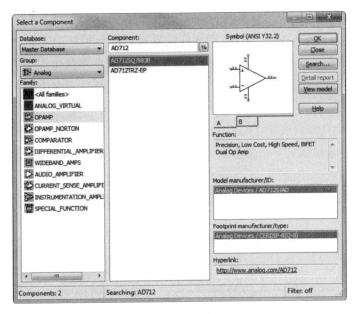

图 4.1.22 选择运算放大器

⑳ 在"Group"下选择"Sources"组,找到"SIGNAL_VOLTAGE_SOURCES"系列,并放置"AC_VOLTAGE"元件。此时,电路图应如图 4.1.23 所示。

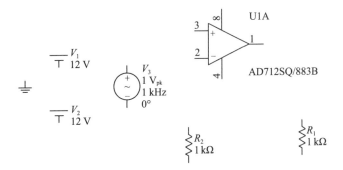

图 4.1.23 工作区域上放置的元件

注意:

① 没有"电源""地"接线端,仿真无法运行。

② 如需多个元件,可重复上述放置步骤或放置一个元件,然后利用复制(按<Ctrl>+<C>组合键)和粘贴(按<Ctrl>+<V>组合键)操作,根据需要放置其他元件。

③ 当元件黏附于鼠标指针上时,通过<Ctrl>+<R>快捷方式可在放置前旋转元件。

④ 默认情况下,在每放置一个元件之后"Select a Component"窗口会以弹窗形式返回,元件放置完毕,则关闭"Select a Component"窗口,返回电路图绘制窗口。

⑤ "AC-VOLTAGE"元件中的 V_{pk} 既是电压值的单位,也代表这个电压值的类型,下标 pk 表示峰值,rms 表示有效值。

2. 完成电路图的连线

Multisim 可以根据鼠标在软件界面所处位置确定鼠标指针的功能，所以用户选择放置元件、连线电路及对编辑电路进行编辑修改时无须返回菜单操作。

① 将鼠标指针移到元件引脚附近开始连线。此时鼠标显示为十字光标，而非默认的鼠标指针。

② 单击部件引脚/接线端（本例中为运算放大器的输出引脚），放置初始连线交叉点。

③ 将鼠标指针移到另一个接线端，或双击鼠标，创建一个连线端点，然后移动鼠标指针，将该端点指向电路中的另一个连线端点或部件引脚，完成连线。

④ 按图 4.1.24 所示完成连线。无须考虑连线上的标号（也称网络标号）。

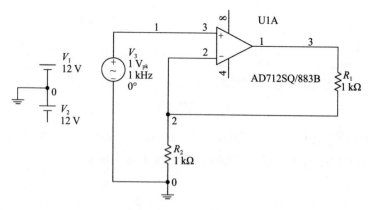

图 4.1.24　电路图连线

最后关键的一步就是使用页面连接器（On-page connector）通过虚拟连接将电源接线端连接到 opamp 的正负电源线。

⑤ 选择"Place"→"Connectors"→"On-page connector"，并将其连接至 V_1 电源的正极端子，"On-page Connector"窗口将打开。

⑥ 在"Connector name"栏中输入"＋V"连接器并单击"OK"按钮。

⑦ 选择另一个页面连接器并将其连接至运算放大器 V_1 的引脚 8，"On-page Connector"窗口将再次打开，在"Available connectors"列表中选择"＋V"连接器并单击"OK"按钮，V_1 电源的正极接线端通过虚拟连接器连接到引脚 8。

⑧ 重复步骤⑤至⑧，将 V_2 的负极接线端连接到 opamp 的引脚 4。将页面连接器命名为"－V"。线路图如图 4.1.25 所示。

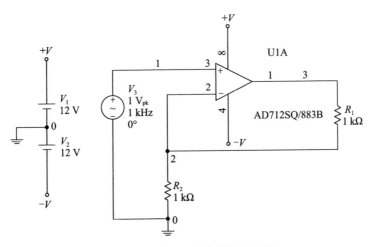

图 4.1.25　带页面连接器的电路图

3.对电路进行仿真

现在可以运行交互式 Multisim 仿真了。虚拟仪器工具栏通常出现在显示窗口的右边面板中,如果在当前窗口中没有找到仪器工具栏,可以通过"View"→"Toolbars"→"Instruments"命令,打开仪器工具栏面板。

① 选择"Oscilloscope",并将其放置在电路图上。

② 将"Oscilloscope"的通道 A 和通道 B 接线端连接到放大器电路的输入端和输出端。

③ 放置一个接地元件并将其连接至"Oscilloscope"的负极接线端。

④ 右键单击连接至通道 B 的连线,并选择"Segment color"。

⑤ 选择蓝色色块并单击"OK"按钮,其电路图如图 4.1.26 所示。

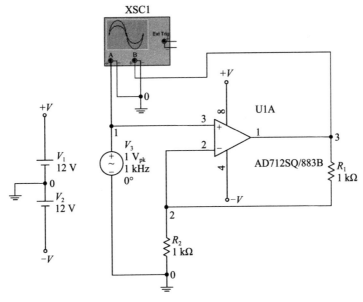

图 4.1.26　连接"Oscilloscope"至电路图

⑥ 选择"Simulate"→"Run",可开始仿真。

⑦ 双击"Oscilloscope",可打开其前面板,观察仿真结果(图 4.1.27)。输入信号按预期被放大 2 倍。

⑧ 按下仿真工具栏上的红色停止按钮,可停止仿真。

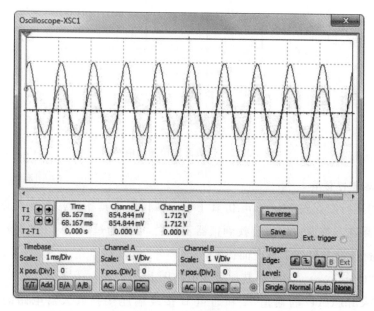

图 4.1.27　仿真结果

在选择虚拟的示波器时,可以选择更为真实的 Agilent 示波器或者 Tektronix 示波器,这样可以很好地帮助学生学会真实示波器的功能和使用方法。Multisim 中的 Tektronix 示波器外观如图 4.1.28 所示。

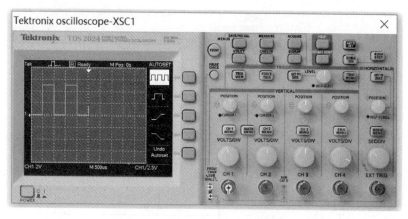

图 4.1.28　Tektronix 示波器的外观

4.2　Multisim 软件的仿真分析方法

Multisim 提供了许多种分析方法，所有这些分析方法都使用仿真来生成分析的数据。这些分析方法的范围很广，有些分析方法非常基本，而有些分析方法非常复杂，通常在某一种分析方法中要用到另一种分析方法。

Multisim 中包含了 20 种特定的分析方法，并且还提供了用户自定义分析方法的功能。这 20 种特定的分析方法见表 4.2.1。

表 4.2.1　Multisim 14.0 中的分析方法

分析方法名称	分析方法的作用
交互式仿真 （Interactive Simulation）	交互式仿真等同于时域瞬态分析，用于计算电路的时域响应，还具有用户交互功能
直流工作点分析 （DC Operating Point）	用于确定一个电路的直流工作点
交流分析 （AC Sweep）	用于计算线性电路的频率响应，获得电路的幅频特性和相频特性
瞬态分析 （Transient）	又被称为时域暂态分析，用于计算电路的时域响应
DC 扫描分析 （DC Sweep）	用于对电路中的直流电源的值在指定的范围之内变化时做若干次仿真的结果进行分析
单一频率交流分析 （Single Frequency AC）	用于计算线性电路的某个单一频率下的幅度和相位响应
参数扫描分析 （Parameter Sweep）	可以根据电路参数（电源值、元器件参数等）在指定范围内的变化对电路做若干次仿真的结果进行分析
噪声分析 （Noise）	通过创建电路的噪声模型，计算特定输出节点所对应的电路器件的分布状态
蒙特卡洛分析 （Monte Carlo）	利用统计学的方法分析元件参数的改变对电路性能的影响
傅立叶分析 （Fourier）	用于对周期信号傅立叶变换结果进行分析
温度扫描分析 （Temperature Sweep）	使用温度扫描分析可以快速确定电路在不同温度下的执行情况
失真度分析 （Distortion）	用于分析使用瞬态分析方法很难直观确定的信号失真
敏感度分析 （Sensitivity）	根据电路中提供的元件参数计算输出节点电压或电流的敏感度，从而了解各种元件参数对输出信号的影响，确定电路中各种元件的选型

续表

分析方法名称	分析方法的作用
最坏情况分析法 （Worst Case）	用于分析电路性能中由于元件参数的变动导致可能发生的极端情况
噪声系数分析 （Noise Figure）	基本等同于噪声分析
零极点分析 （Pole Zero）	用于根据电路的传输函数计算得到的零极点，分析电路的稳定性
传递函数分析 （Transfer Function）	用于计算电路的交流小信号传输函数、计算输入电阻和输出电阻等
线宽分析法 （Trace Width）	在 PCB 制版时，用于分析满足在有效电流情况下导线所允许的最小线宽
批量分析 （Batched）	可以通过一个单一的解释性的指令对电路进行多项分析，或者对多个电路使用同一种分析
用户自定义分析 （User Defined）	允许用户自己编写 SPICE 仿真命令，设计用户自己的分析方法

在每种分析方法中，用户都可以通过设置仿真参数来告诉 Multisim 用户希望执行的操作。用户也可以输入 SPICE 命令自定义分析方法。下面给出仿真分析的一般步骤：

① 选择"Simulate"→"Analyses and simulaton"，分析方法列表会出现在菜单项中。

② 选择所需要的分析方法。根据所选择的分析方法，会弹出一个对话框：

• "Analysis parameters"选项卡：用于设置分析方法中的参数。

• "Output"选项卡：用于指定要观察的输出变量。

• "Analysis options"选项卡：用于修改分析方法中自定义选项的值。

• "Summary"选项卡：显示该特定分析方法中的所有选项的设置值。

③ 单击对话框中的"Save"按钮，将当前的设置作为将来使用该分析方法的默认的设定值。

④ 单击对话框中的"Run"按钮，按照当前设置开始仿真。

在这里选择几种常用的分析方法加以介绍。

4.2.1 直流工作点分析

电路在工作时，无论是大信号还是小信号，都必须给半导体器件以正确的直流偏置，以便使其工作在所需的区域。了解电路的直流工作点，才能进一步分析电路在交流信号作用下电路能否正常工作。求解电路的直流工作点在电路分析过程中至关重要。如何获知正确的直流偏置？我们可以采用理论结算，通过公式推导得出结果。更为简便地，我们可以使用 Multisim 中的直流工作点分析来解决这一问题，把复杂的计算交给计算机软件来完成。

在进行直流工作点分析时，Multisim 做了如下假设：交流电源归零、电容器开路、电感器短路、数字元器件被视为接地的大电阻。

这里用一个实例来说明直流工作点分析的使用方法。

首先,给出一个样例电路,如图 4.2.1 所示,该电路是一个三极管振荡电路,通过分析三极管 E、B、C 管脚的直流电压,可以判断三极管的工作状态,从而确定电路给出的参数是否合理。

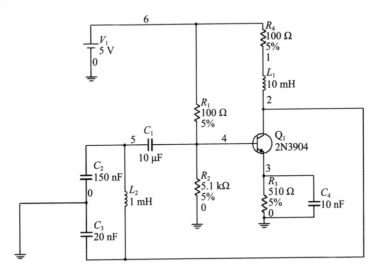

图 4.2.1　三极管振荡电路

其次,执行菜单命令"Simulate"→"Analyses and simulation",在列出的可分析类型中选择"DC Operating Point",则出现直流工作点分析对话框,如图 4.2.2 所示。

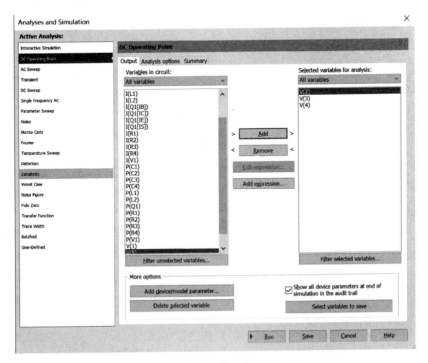

图 4.2.2　直流工作点分析对话框

对话框里有三个选项卡,分别是"Output""Analysis options""Summary",这里的分析选项一般选择使用 Multisim 提供的默认仿真设置,输出变量选择了三极管三个管脚对应的节点电压,分析结果如图 4.2.3 所示。

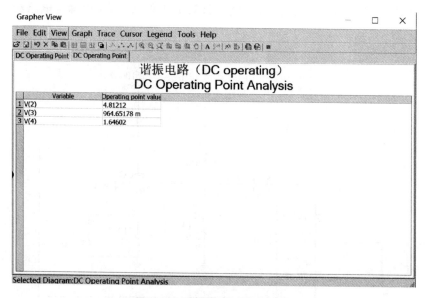

图 4.2.3 **直流工作点分析结果**

最后,根据获得的直流工作点的数据,可以对电路进行进一步的分析。

4.2.2 交流扫描分析

交流扫描分析用于正弦小信号工作条件下的频域分析。在交流扫描分析中,首先分析电路的直流工作点,并在直流工作点处对各个非线性元件做线性化处理,得到线性化的交流小信号等效电路,并用交流小信号等效电路计算电路输出交流信号的变化情况。所有输入信号均被认为是正弦信号,电路工作区中自行设置的输入信号将被忽略。也就是说,就算电路中信号源的输出可能被设置为方波或三角波,但在交流分析中它将自动切换到正弦波进行分析。交流扫描分析将计算交流电路响应随频率的变化,和虚拟仪器中的波特图图示仪具有的功能类似。

在进行交流扫描分析时,数字元器件被看作一个接地的大电阻。

下面给出一个实例来说明交流扫描分析的使用方法。

首先,给出一个无源低通滤波电路作为样例电路,如图 4.2.4 所示,通过交流扫描分析可以得到这个滤波器的频率特性。电路中使用的信号源是 Multisim 器件库中的交流电源(AC Power),用户也可以用其他类型信号源或者函数信号发生器来代替。在交流扫描分析中,信号源的信号类型及设置的频率均不起作用,而需要另外设置交流分析中的频率变化范围,又被称为扫频范围。

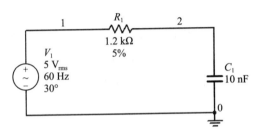

图 4.2.4　无源低通滤波电路

在进行交流扫描分析之前，可以对电路信号源中的信号参数进行设置，其中信号的幅度和相位在进行交流扫描分析时需要用到，其他参数会在其他分析方法中或使用仪器进行交互式仿真时被用到。

其次，执行菜单命令"Simulate"→"Analyses and simulation"，在列出的可分析类型中选择"AC Sweep"，则出现交流扫描分析对话框，如图 4.2.5 所示。在"Frequency parameters"选项卡中有扫频范围设置及扫描类型的选择等选项，在"Output"选项卡中可以选择需要输出的节点电压或电流。本例中我们选择节点 2 的电压作为输出信号进行频谱分析。

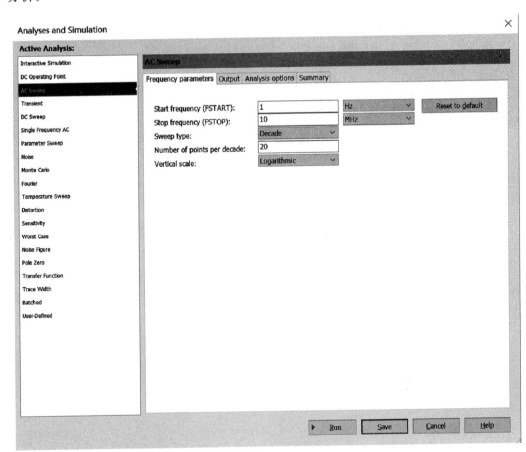

图 4.2.5　交流扫描分析对话框

最后,单击"Run"按钮,电路的幅频特性和相频特性曲线如图 4.2.6 所示,其中,曲线的横坐标为频率,两个相邻频率点之间的间隔可以按线性方式确定,也可以按照 10 倍频程方式确定;幅频特性中的纵坐标为输出信号与输入信号之间的幅度增益,如果选择以对数方式显示,单位是 dB;相频特性中的纵坐标则为输出信号与输入信号之间的相位差。

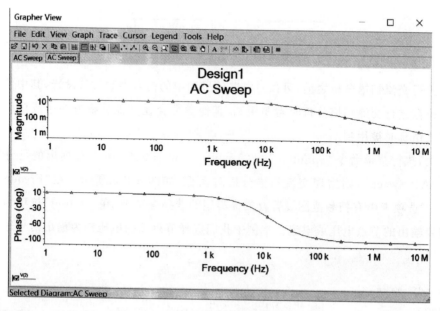

图 4.2.6　**无源低通滤波电路的频率特性**

4.2.3　瞬态分析

　　瞬态分析是一种时域上的分析方法,是在给定输入激励信号时,分析电路输出端的瞬态响应。使用瞬态分析方法得到的结果与交互式仿真时使用示波器观察到的现象类似,但示波器无法观察到电流波形,而使用瞬态分析方法,可以计算出某一时间段内某支路电流的变化情况。Multisim 在进行瞬态分析时,首先计算电路的初始状态,然后从初始时刻起,到某个给定的时间范围内,选择合理的时间步长,计算输出端在每个时间点的输出电压,输出电压由一个完整周期中的各个时间点的电压来决定。

　　启动瞬态分析时,只要定义起始时间和终止时间,Multisim 可以自动调节合理的时间步进值,以兼顾分析精度和计算时需要的时间,也可以自行定义时间步长,以满足一些特殊要求。

　　下面给出一个实例来说明瞬态分析的使用方法。

　　首先,给出一个样例电路,如图 4.2.7 所示,这是一个三极管基极偏置共射放大电路,通过瞬态分析,观察电路节点 5 电压在一段时间内的变化情况。

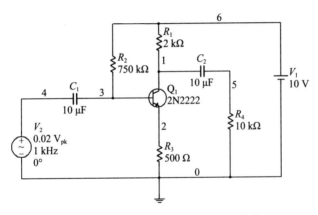

图 4.2.7　三极管基极偏置共射放大电路

其次,执行菜单命令"Simulate"→"Analyses and simulation",在列出的可分析类型中选择"Transient",则出现瞬态分析对话框,如图 4.2.8 所示。

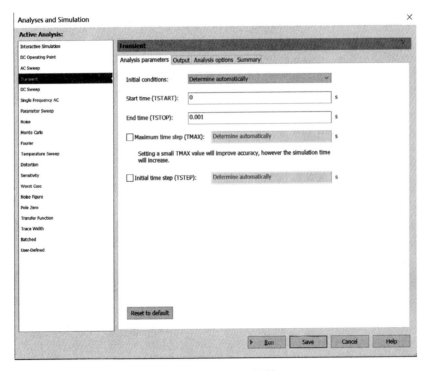

图 4.2.8　瞬态分析对话框

在"Analysis parameters"选项卡中还有选择初始条件的下拉列表,其中的选项如表 4.2.2 所示。

表 4.2.2　初始条件选择

选项	项目	默认值	注释
Initial conditions （初始条件）	Set to zero （设为零）	不选	如果希望从零初始状态起,则选择此项
	User-defined （用户自定义）	不选	如果希望从用户自己定义的初始状态起,则选择此项
	Calculate DC operating point （计算静态工作点）	不选	如果从静态工作点给出的值开始进行分析,则选择此项
	Determine automatically （系统自动确定初始条件）	选中	Multisim 以静态工作点作为分析初始条件,如果仿真失败,则使用用户定义的初始条件

另外,"Analysis parameters"选项卡中有启停时间设置,通常使用 Multisim 提供的默认数值即可,用户也可以自定义启停时间,要注意的是停止时间要大于起始时间。关于此类参数的名称、单位及默认值等见表 4.2.3。

表 4.2.3　启停时间设置

选项	项目	默认值/s	注释
Parameters （参数）	Start time （起始时间）	0	瞬态分析的起始时间必须大于或等于零,且应小于终止时间
	End time （终止时间）	0.001	瞬态分析的终止时间必须大于起始时间
	Maximum time step （最大步进时间）	1E−05	仿真运算过程中的最大步长值。设置的值越小,仿真结果越精确,但花费时间越长
	Intital time step （初始步进时间）	1E−05	仿真运算开始时的步长值。设置的值越小,仿真结果越精确,但花费时间越长。这个值不能大于最大步长值

最后,单击"Run"按钮,节点 5 电压信号的输出波形如图 4.2.9 所示。

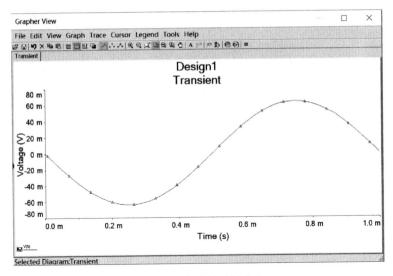

图 4.2.9　电路的时域特性

4.2.4　傅立叶分析

傅立叶分析是分析周期性信号的一种数学方法,它将周期性信号转换成一系列正弦波和余弦波,其中包括原始信号的直流分量、基波分量及高次谐波。用傅立叶分析方法得到的结果与交互式仿真中使用频谱分析仪得到的结果相似。

在傅立叶级数中,每一个分量都被看作一个独立的信号源。根据叠加原理,总响应为各分量响应之和。由于谐波的幅度随次数的提高而减小,因此,只需较少的谐波分量就可以产生较满意的近似效果。这里给出周期信号 $f(t)$ 的傅立叶级数的数学公式:

$$f(t) = A_0 + A_1 \cos \omega t + A_2 \cos 2\omega t + \cdots + B_1 \sin \omega t + B_2 \sin 2\omega t + \cdots$$

式中,A_0 为原始信号中的直流分量,$A_1 \cos \omega t + B_1 \sin \omega t$ 为原始信号中的基波分量,$A_n \cos n\omega t + B_n \sin n\omega t$ 为原始信号中的 n_th 谐波分量。

下面给出一个实例来说明傅立叶分析的使用方法。

首先,给出一个样例电路,使用和瞬态分析方法中相同的电路,如图 4.2.7 所示,通过傅立叶分析观察电路节点 5 电压信号的频谱。

从理论上可知,电路输入为一个 1 kHz 的正弦信号,电路输出也应该是一个同频率的正弦信号,而在相位上由于电路是反相放大电路,基频分量与输入信号的相位相差 180°,其他频率上应该没有数据。但实际中由于电路元件不是理想元件,所以输出信号中会包含着谐波成分。使用傅立叶分析就能够了解输出信号的频谱,进一步可以分析出引发谐波分量产生的原因,从而找到改善电路的解决方法。

其次,执行菜单命令“Simulate”→“Analyses and simulation”,在列出的可分析类型中选择“Fourier”,则出现傅立叶分析对话框,如图 4.2.10 所示。

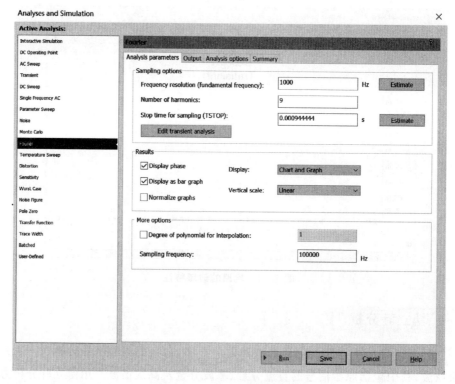

图 4.2.10　傅立叶分析对话框

傅立叶分析对话框中包含四个选项卡,选项卡"Output""Analysis options" "Summary"的用法与其他分析方法类似,这里结合上面的样例就选项卡"Analysis pa-rameters"的内容进行介绍。

关于采样参数:

• 频率分辨率,可点击右侧的"Estimate"按钮,Multisim 根据电路中的交流源自动设定一个值,或在"频率分辨率(基频)"字段中输入一个值确定。若电路中有多个交流源,取各频率的最小公倍数。本例中该字段的值为 1 000 Hz。

• 采样频率,可通过在"采样频率"字段中输入一个值确定。尽管根据奈奎斯特(Nyguist)采样定理在指定分析中仅需设置最高频率分量的两倍作为合适的采样速率,Multisim 建议最好设定一个足以在信号的每个周期获得至少 10 个采样点的采样频率。本例中将采样频率设为 10 kHz。

• 分析中包含的谐波个数,可通过在"Number of harmonics"字段中输入值确定。本例中该字段的值为9,即 FFT 的谐波分量最高显示到 9 次谐波。在确定了谐波个数之后,由于谐波周期已知,所以输出信号采样的停止时间也被确定下来。

• 若不知如何设置停止取样时间时,可单击右侧的"Estimate"按钮,让程序自动设置。

关于显示结果：

• 设置频谱的幅度轴刻度，包括"Decibel"（分贝刻度）、"Octave"（以 2 为底的对数刻度）、"Linear"（线性刻度）及"Logarithmic"（以 10 为底的对数刻度）。本例中选择"Linear"。

• 选择仿真结果的显示方式，包括"Chart"（图表）、"Graph"（曲线）、"Chart and Graph"（图表和曲线）。本例中选择"Chart and Graph"。

• 选择显示内容中是否包含相位频谱。本例中选择"Display phase"（显示相位频谱）。

• 选择显示内容中频谱的绘制方式，包括柱状图方式、线型图方式（默认）。本例中选择"Display as bar graph"（柱状图方式）。

• 选择显示内容中的频谱数据是否归一化。本例中选择"Normalize graphs"（归一化）。

最后，在对话框里单击"Run"按钮，节点 5 电压信号的傅立叶分析结果如图 4.2.11 所示。

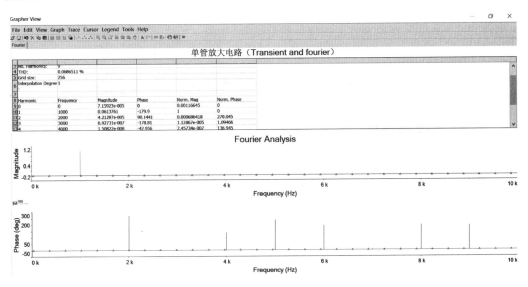

图 4.2.11　电路输出信号的频域分析

4.2.5　直流扫描分析

直流扫描分析的作用是计算电路在不同直流电源下的直流工作点。利用直流扫描分析，可快速地根据直流电源的变动范围确定电路直流工作点。它的作用相当于每变动一次直流电源的数值，对电路做一次直流工作点分析，将变化的数据以图表或表格的方式展示给用户，使用户可以很直观地确定电路理想的直流工作点。

首先，给出一个晶体管共射极电路。通过 DC 扫描分析，可以看到晶体管的集电极电压随着电源电压 V_1 和基极上的偏置电压 V_2 变化的关系曲线，从而确定 V_1 和 V_2 在什么范围内变化时晶体管处于放大状态。电路如图 4.2.12 所示。

电路中添加了流控电压源（V_3），以便将集电极电流转换为电压显示。

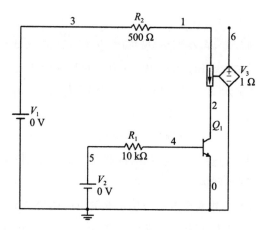

图 4.2.12　共射配置下的晶体管特性测试电路

其次,执行菜单命令"Simulate"→"Analyses and simulation",在列出的可分析类型中选择"DC Sweep",则出现直流扫描分析对话框,如图 4.2.13 所示。

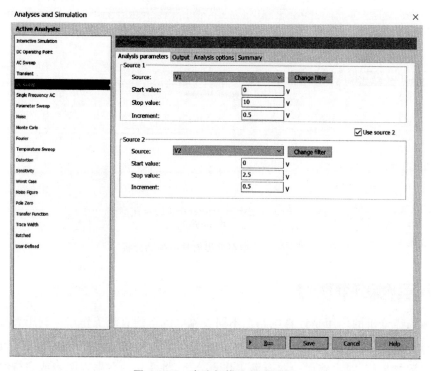

图 4.2.13　直流扫描分析对话框

直流扫描分析对话框中包含四个选项卡,"Output""Analysis options""Summary"的用法与其他分析方法类似,这里结合上面的样例就选项卡"Analysis parameters"的内容进行介绍。

本例中的直流扫描分析要对两个直流电源进行扫描,得到一幅输出节点与电源之间的关系曲线图,图上的每一条曲线是输出节点值与变化的第一个直流电源之间的关系曲线,而曲线的数目等于第二个直流电源变化的次数。两个直流电源的设置如下。

- 第一个直流电源：电源 V_1 的起始值为 0 V，停止值为 10 V，增量为 0.5 V。
- 第二个直流电源：电源 V_2 的起始值为 0 V，停止值为 2.5 V，增量为 0.5 V。

在电源设置旁边还有一个"Filter"按钮，可以将电路中的包括内部节点（如 BJT 模型内或 SPICE 子电路内的节点）、开放引脚及电路中包含的任何子模块的输出变量作为可以扫描的电源显示在源列表中。

最后，单击对话框中的"Run"按钮，节点 6 电压的 DC Sweep 分析结果如图 4.2.14 所示。

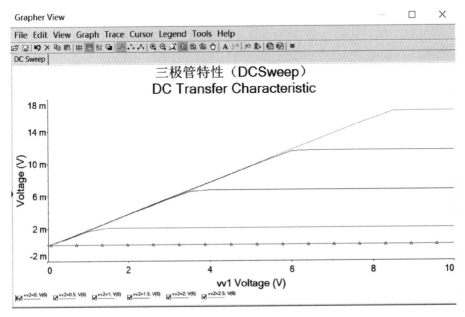

图 4.2.14　三极管输入/输出特性曲线

从图 4.2.14 可以看出，在 V_2 为 0 V 和 0.5 V 时，晶体管的发射结反偏，此时 V_3 值为 0 V，说明晶体管处于截止状态；随着 V_2 的增加，发射结正偏，当 V_1 电压逐渐增大时，晶体管由截止状态进入线性放大状态。

4.2.6　参数扫描分析

参数扫描分析是指将元件参数设置在一定范围内变化，以分析参数变化对电路性能的影响。这相当于对某个元件参数进行多次仿真分析，可以快速检验电路性能，对于即将投产的产品设计很有意义。进行这种分析时，用户可以设置参数变化的开始值、结束值、增量值和扫描方式，从而控制参数的变化。参数扫描可以有五种分析：直流工作点分析、瞬态分析、单一频率交流分析、交流扫描分析和嵌套式扫描分析。

不同类型的电路中元器件参数是不同的，这取决于电路中所使用的元器件类型和元器件模型。有源元器件，如运算放大器、晶体管、二极管和其他元器件，比无源元件，如电阻器、电感器和电容器，具有更多的参数来执行扫描。例如，电感是电感器的唯一可用参数，而二极管模型中则包含大约 15～25 个参数。

电路参数则比元器件参数更加灵活，可以将某些元件参数设置为电路参数变量，也可以将包含元件参数、代表了电路特征的表达式设置为电路参数变量。电路参数的设置面板可以通过"View"→"Circuit parameter"显示或隐藏。

首先，给出一个样例电路，如图 4.2.15 所示，这是一个 Colpitts 振荡器。电路的输出将产生方波。参数扫描分析中，对电路中的电感值进行扫描，并仿真电路中晶体管射极的输出，根据理论分析，当电感值增加时，信号的频率会降低。

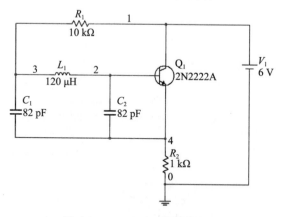

图 4.2.15 Colpitts **振荡器电路**

其次，执行菜单命令"Simulate"→"Analyses and simulation"，在列出的可分析类型中选择"Parameter Sweep"，则出现参数扫描分析对话框，如图 4.2.16 所示。

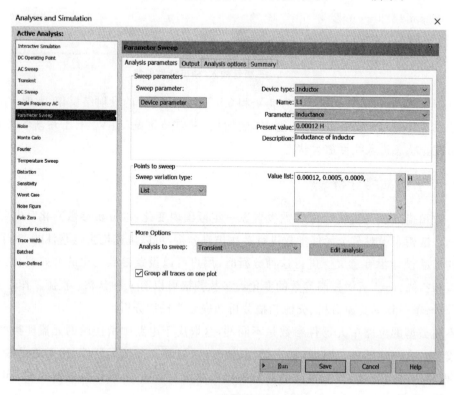

图 4.2.16 **参数扫描分析对话框**

参数扫描分析对话框中包含四个选项卡,"Output""Analysis options""Summary"的用法与其他分析方法类似,这里结合上面的样例就"Analysis parameters"选项卡的内容进行介绍。

1. 扫描参数的设置

在"Sweep parameters"下拉列表中选择"Device parameter"(元器件参数)或"Model parameter"(模型参数)。因电感是元器件,所以选择"Device parameter"。

"Device parameter"下提供了对元器件类型、元器件名称及元器件参数类型的下拉列表,供用户选择。本例中元器件类型、元器件名称及要扫描的元器件参数类型的选择分别为"Inductor"(电感)、"L1"(电路中要扫描的电感标号)、"Inductance"(电感值)。该部分设置完成之后,该元器件的当前值及元器件的描述会自动出现在对话框中。

2. 扫描次数的设置

在"Sweep variation type"(扫描变量类型)下拉列表中可以选择"Decade"(十倍程)、"Octave"(两倍程)、"Linear"(线性)或"List"(列表)方式,目的是确定扫描参数在起始值和停止值之间的各次扫描的具体值。

- 选择"Decade"(十倍程),在修改扫描参数的值时,在该参数初始值的基础上以 10 倍增速依次递增,直至到达停止值。如果觉得两个值的间隔过大,还可以在两个值之间选择增加扫描的次数(Number of points per decade)。

- 选择"Octave"(两倍程),在修改扫描参数的值时按照该参数初始值的 2 倍的方式依次递增,直至到达停止值。如果觉得两个值的间隔过大,还可以在两个值之间选择增加扫描的次数(Number of points per octave)。

- 选择"Linear"(线性),扫描参数的值按照该参数初始值与停止值之间的差值,根据所设置的扫描次数(Number of points)或者增量(Increment)进行递增。

- 选择"List"(列表),扫描参数的值按照扫描参数列表中的数据项进行修改。列表中的数据项必须用空格、逗号或分号分隔。

本例中选择"List"(列表)方式,在扫描参数列表中输入"0.00012,0.0005,0.0009",单位为 H。

3. 扫描分析方式的选择

参数扫描不是一种具体的分析方法,而是在电路元器件参数变化时对电路进行的若干次分析。在参数扫描运行前要确定分析方法,可以选取"Analysis to sweep"扫描分析方式下拉列表中的某种分析方法进行分析。

本例中选择"Transient"(瞬态分析方法),并选中"Group all traces on one plot"(将所有参数下的曲线显示在同一幅图中)复选框。通过查看不同电感值下的输出波形,确定设计所需的频率所对应的电感值范围。

4. 选中的分析方法的参数设置

本章前几节中已经介绍了一些分析方法的使用,每种分析方法都需要在运行前设置参数,这里需要对"Transient Analysis"(瞬态分析方法)进行编辑,瞬态分析方法的参数设置界面如图 4.2.17 所示。

- Initial conditions：选择"Set to zero"，初始状态为 0。
- Start time(TSTART)：设置为"0"秒。
- End time(TSTOP)：设置为"2e－006"秒。该项中 Multisim 的默认值为 1 ms，若时间过长，将无法观察到电路输出信号的振荡周期，所以将值改为 2 μs。

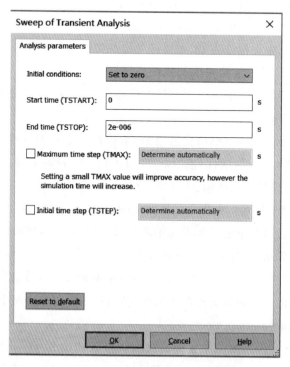

图 4.2.17　瞬态分析方法参数设置界面

5. 执行结果的显示

最后，本例中的参数扫描分析是通过对电感值的变化，观察电路输出信号的频率变化，从而在电路设计时选择合适的电感值。所以，在"Output"选项卡上选择节点 4 上的电压作为输出项进行观察。

单击参数扫描分析对话框中的"Run"按钮，节点 4 电压的参数扫描分析结果如图 4.2.18 所示。

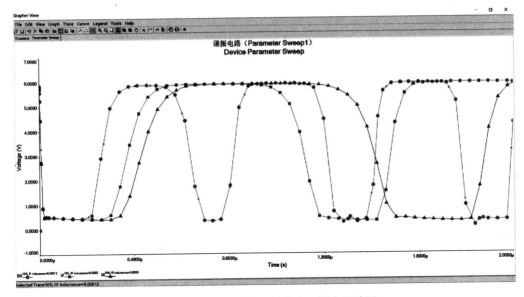

图 4.2.18　不同电感下的节点 4 的电压波形

从图 4.2.18 可以看出,当电感 L_1 的值从 $120\ \mu\text{H}$ 变化到 $900\ \mu\text{H}$ 时,节点 4 的电压波形的频率依次减小。

第 5 章

电子技术基础实验

5.1 实验一 常用电子仪器的使用

 实验目的

- 掌握数字示波器、函数信号发生器、直流稳压电源、数字式多用表等仪器的基本性能。
- 掌握用数字示波器观察、测量波形的幅值、频率及相位的基本方法。
- 学习调节函数信号发生器输出频率范围、幅值范围及相位的基本方法。
- 掌握直流稳压电源的使用方法。
- 学会用数字式多用表判断二极管、三极管的管脚。

 实验预习

详细了解所用电子仪器面板旋钮的功能和使用方法。本书的第 3 章对实验用的电子仪器做了通用性的介绍,并给出了几种特定型号的电子仪器的使用说明书,请认真阅读相关内容。

 实验器材

数字示波器、函数信号发生器、直流稳压电源、数字式多用表,具体型号的选择取决于实验室所使用的仪器。

 实验内容与步骤

1. 示波器、函数信号发生器的使用

实验中由函数信号发生器分别产生特定的正弦波、方波和三角波信号,将信号输入数字示波器,在数字示波器上观察稳定的信号波形,并用数字示波器测量函数信号发生器输出信号的实际频率、信号电压的峰峰值 V_{pp} 及信号电压的有效值 V_{rms}(或称均方根值)。(注意:函数信号发生器、示波器的接地端一定要连在一起。)

实验步骤如下:

① 首先接通数字示波器、函数信号发生器的电源。

② 对数字示波器通道 1、通道 2 上接的示波器探头进行检查,将探头接到数字示波器的 3 V、占空比为 50% 的方波校准信号输出端,观察数字示波器上的波形,选择合适的触发源和触发电平,使得在屏幕上可看到稳定的方波信号。检查完成后,数字示波器就可以用于测量。

③ 函数信号发生器选择正弦波输出,频率为 1 kHz,无垂直偏移,输出信号的有效值为 3 V,用数字示波器观察函数信号发生器的输出电压波形,调整数字示波器上的"水平扫描"旋钮,使得屏幕上出现稳定的 1~2 个周期的正弦信号,分别使用"光标"功能和"测量"功能测出信号的峰峰值和有效值。把数字示波器的"垂直衰减"旋钮分别置于 1 V/div、2 V/div、5 V/div,记录数字示波器各衰减挡上的被测电压值,并记入表 5.1.1 中。

④ 函数信号发生器选择方波输出,频率为 1 kHz,无垂直偏移,输出信号的有效值为 3 V,用数字示波器观察函数信号发生器的输出电压波形,调整数字示波器上的"水平扫描"旋钮,使得屏幕上出现稳定的 1~2 个周期的方波信号,分别使用"光标"功能和"测量"功能测出信号的峰峰值和有效值。把数字示波器的"垂直衰减"旋钮分别置于 1 V/div、2 V/div、5 V/div,记录数字示波器各衰减挡上的被测电压值,记入表 5.1.2 中。

⑤ 函数信号发生器选择三角波输出,频率为 1 kHz,无垂直偏移,输出信号的有效值为 3 V,用数字示波器观察函数信号发生器的输出电压波形,调整数字示波器上的"水平扫描"旋钮,使得屏幕上出现稳定的 1~2 个周期的三角波信号,分别使用"光标"功能和"测量"功能测出信号的峰峰值和有效值。把数字示波器的"垂直衰减"旋钮分别置于 1 V/div、2 V/div、5 V/div,记录数字示波器各衰减挡上的被测电压值,记入表 5.1.3 中。

表 5.1.1　正弦波($V_{rms}=3$ V)

垂直衰减挡位	1 V/div	2 V/div	5 V/div
利用数字示波器"光标"功能测 V_{pp}			
利用数字示波器"测量"功能测 V_{pp}			
利用数字示波器"测量"功能测 V_{rms}			

表 5.1.2　方波($V_{rms}=3$ V)

垂直衰减挡位	1 V/div	2 V/div	5 V/div
利用数字示波器"光标"功能测 V_{pp}			
利用数字示波器"测量"功能测 V_{pp}			
利用数字示波器"测量"功能测 V_{rms}			

表 5.1.3 三角波($V_{rms} = 3$ V)

垂直衰减挡位	1 V/div	2 V/div	5 V/div
利用数字示波器"光标"功能测 V_{pp}			
利用数字示波器"测量"功能测 V_{pp}			
利用数字示波器"测量"功能测 V_{rms}			

实验注意事项：数字示波器"触发功能"的设置。

• 触发方式的选择：主要有自动、正常和单次三种方式。如果要观察的波形是周期信号，触发方式可以选择"Auto mode"，这也是最常用的一种触发方式；如果要观察的波形不是一个周期信号，而是在某些输入情况下的可能输出，触发方式应该选择"Single mode"；如果要观察的波形是在一个周期中出现时间相对较短的部分，触发方式可以选择"Normal mode"。

• 触发源的选择：通常把接输入信号的数字示波器通道作为触发源。如果测试电路的输入信号和输出信号有着明确的同步关系，选择两个通道中的任意一个通道都可以。除了选择数字示波器的通道作为触发源外，也可以选择外部信号作为触发源，或者市电交流信号作为触发源等。

• 触发电平的选择：可以通过旋转"触发电平"旋钮进行调节。对于周期信号，一般把电平调节到信号的最小值和最大值之间就可以使波形稳定。如果触发电平设置不合理，数字示波器上出现的波形会不稳定或者没有波形出现。

2. 检查二极管质量、管脚极性，鉴别硅管、锗管

晶体二极管由一个 PN 结组成，具有单向导电性，可以用数字式多用表测试二极管。

实验步骤如下：

① 将数字式多用表置于"二极管"挡，此时，数字式多用表的红表笔（插在"V/Ω"插孔）接在内部电源的正极，黑表笔（插在"COM"插孔）接在内部电源的负极。两只表笔分别接触二极管的两个电极，如果显示值在 1 V 以下，说明管子正向导通，红表笔接的是正极，黑表笔接的是负极；如果显示溢出符号"OL"，说明管子反向截止，黑表笔接的是正极，红表笔接的是负极。

② 用不同材料制成的二极管正向导通压降不同，硅管为 0.5～0.8 V，锗管为 0.15～0.35 V，可用数字式多用表的"二极管"挡直接进行测试判断。红表笔接二极管的正极，黑表笔接二极管的负极，如果测试的是硅管，则数字式多用表显示 0.5～0.8 V；如果测试的是锗管，则数字式多用表显示 0.15～0.35 V。在测试中，不管将红黑表笔加在哪两端，若都显示"000"，说明管子已经被击穿短路；若都显示溢出符号"OL"，则说明管子内部开路。两种情况下管子均已损坏。

③ 发光二极管的伏安特性与普通二极管的伏安特性类似，但它的正向压降要大一些，为 1.5～3.0 V，同时在正向电流达到一定值时能发出某种颜色的光。它们极性及其好坏的判别与普通二极管类似。

④ 用数字式多用表按表 5.1.4 的要求测试表中各二极管,将结果记入表 5.1.4 中。

表 5.1.4 各类二极管的判断

型号	发光二极管		2AP9	1N4007	05W5V1	1N4148
	红	绿				
正向压降						
类型(锗或硅)	—	—				

3. 检查双极性三极管(BJT)的质量并判别管脚

双极性三极管是由两个 PN 结反极性串联而成的三端器件,三个电极分别是发射极 E、基极 B、集电极 C。NPN 型和 PNP 型三极管的结构示意图及电路符号如图 5.1.1、图 5.1.2 所示。

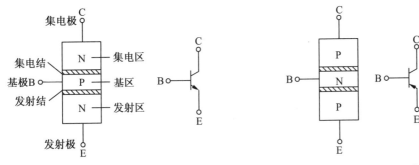

图 5.1.1 NPN 型三极管结构及电路符号   图 5.1.2 PNP 型三极管结构及电路符号

使用三极管前,应先辨明它的三个管脚的极性和管子的好坏。根据管子的型号去查手册,从而识别管脚,了解管子的特性参数。我们也可以借助数字式多用表对晶体管进行测试。

实验步骤如下:

① 判断基极及类型。

将数字式多用表置于"二极管"挡,此时,数字式多用表的红表笔(插在"V/Ω"插孔)接在内部电源的正极,黑表笔(插在"COM"插孔)接在内部电源的负极。由于晶体三极管分为 NPN 和 PNP 两类,判别时可以先假定该管是 NPN 和 PNP 型,用测量 PN 结的正向压降的方法来判断管子的基极和类型。

判断 NPN 管:用红表笔固定某一电极(假定为基极),黑表笔依次接触另外两个电极,若两次显示值基本相同,显示值均在 1 V 以下,再将黑表笔接假定基极,红表笔依次接触另外两个电极,两次显示均为溢出符号"OL",说明假设的基极正确,该管是 NPN 管。如果一开始的两次显示中,一次为正向压降,另一次为显示溢出(显示内容为"OL"),说明假设的基极不正确,应交换电极重新测试,找出基极。

判断 PNP 管:用黑表笔固定某一电极(假定为基极),红表笔依次接触另外两个电极,若两次显示值基本相同,显示值均在 1 V 以下,再将红表笔接假定基极,黑表笔依次接触另外两个电极,两次显示均为溢出符号"OL",说明假设的基极正确,该管是 PNP 管。如果一开始的两次显示中,一次为正向压降,另一次为显示溢出(显示内容为"OL"),说明假设的基极不正确,应交换电极重新测试,找出基极。

② 判别集电极 C、发射极 E 并测量电流放大倍数 β。

将数字式多用表置于 hFE 挡,测量三极管的电流放大倍数 β。根据三极管的类型(NPN 或 PNP),将三极管基极插入 B 孔,剩下的电极分别插入 C 和 E 孔。若数字式多用表显示几十或几百,说明三极管的管脚处于正常位置,此时插在 C 孔的管脚为集电极,插在 E 孔中的管脚为发射极,数字式多用表上显示的值为该三极管的 β 值。若数字式多用表显示的只有几或者十几,说明集电极和发射极的位置插反了。

有些数字式多用表没有 hFE 挡,这种情况下三极管的三个极的判定只能通过查找对应型号的三极管的数据手册来确定封装和电流放大倍数 β。

③ 锗管、硅管的判别。

硅管 PN 结的正向压降一般为 $0.5 \sim 0.8$ V,锗管 PN 结的正向压降一般为 $0.15 \sim 0.35$ V。因此,在判断三极管基极的同时,可以通过测量 PN 结的正向压降来判断该晶体管是硅管还是锗管。

④ 用数字式多用表按表 5.1.5 的要求测试表中各三极管。

表 5.1.5　三极管的判断

型号	3DG6	3CG21	9013	9012	9014	3AK20
正向压降						
类型						
封装						

 实验报告

ⅰ. 整理实验数据,将数据记录在实验报告中。

ⅱ. 总结在使用数字示波器测量信号时提高测量精度的方法。

ⅲ. 总结用数字式多用表判断二极管、三极管的方法。

ⅳ. 谈谈本次实验在电子仪器使用方面的收获和体会。

思考题

ⅰ. 根据实验结果,分析同一个信号在不同"垂直衰减"下的测量值为什么会有变化,说出理由。

ⅱ. 查阅资料,给出正弦信号、方波信号和三角波信号的电压有效值与峰峰值之间的关系。

5.2　实验二　RC 移相电路

 实验目的

- 掌握 RC 移相电路的原理。
- 能根据需求设计出不同相移的移相电路。
- 学习函数信号发生器、数字示波器的使用方法。

 实验预习

- 详细了解所用电子仪器面板旋钮的功能和使用方法。本书的第 3 章对实验用的电子仪器做了通用性的介绍，并给出了几种特定型号的电子仪器的使用说明书，请认真阅读相关内容。
- 复习"电路分析"课程中的正弦稳态电路的相关理论。

 实验器材

数字示波器、函数信号发生器、不同阻值的电阻若干、不同容值的电容若干。

 实验原理

顾名思义，移相电路就是当某一个频率的正弦信号加在该电路的输入端，该电路的输出仍然为一个与输入信号频率相同的正弦信号，但相位发生了改变。产生相位移动的原因是电路中包含有感性、容性元件。RC 移相电路是只包含有电阻 R 和电容 C 的移相电路。

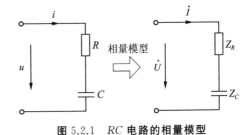

图 5.2.1　RC 电路的相量模型

本实验采用一个简单的 RC 串联电路来实现相位的偏移。RC 电路的相量模型如图 5.2.1 所示。

以流过串联电路的电流相量作为参考相量，画出该电路的相量图，如图 5.2.2 所示。

从图 5.2.2 可知，此时电阻两端的电压超前输入电压 φ 角，电容两端的电压滞后输入电压 $\dfrac{\pi}{2}-\varphi$ 角，根据欧姆定律，有

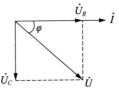

图 5.2.2　RC 电路的相量图

$$Z=R-\mathrm{j}X_C=\sqrt{R^2+{X_C}^2}\angle\arctan\frac{-X_C}{R}=|Z|\angle-\varphi$$

即

$$Z = \frac{\dot{U}}{\dot{I}} = |Z| \angle -\varphi$$

得电路的电流值 $I = \frac{U}{|Z|} = \frac{U}{\sqrt{R^2 + {X_C}^2}}$，相位差 $\varphi = \angle\arctan\dfrac{X_C}{R}$。

根据以上电路原理，RC 超前移相电路可以设计为如图 5.2.3 所示的电路结构，输出信号从电阻端取得。

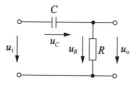

图 5.2.3　RC 超前移相电路

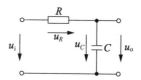

图 5.2.4　RC 滞后移相电路

RC 滞后移相电路可以设计为图 5.2.4 所示的电路结构，输出信号从电容两端取得。

实验内容与步骤

1. 使用 Multisim 仿真软件，试用三种方法测量相位差

用电阻、电容组成移相电路，要求输出电压 u_o 的相位较输入电压 u_i 的相位滞后。

实验步骤如下：

① 按图 5.2.5 连接电路。

在 Multisim 软件中放置元件时选中"Sources"→"Signal Voltage Sources"→"AC Voltage"，产生一个频率为 1 kHz、电压峰峰值为 5V 的正弦信号，将其作为输入信号接入电路，并将该信号接到数字示波器的 CH1 通道；电容两端的电压作为电路的输出信号，将该信号接到数字示波器的 CH2 通道，调整数字示波器，使显示屏上同时看到稳定的电路输入/输出波形。

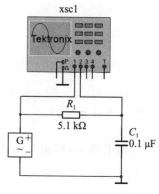

图 5.2.5　RC 移相电路

这里的示波器建议选择 Multisim 软件中的 Tektronix Oscilloscope，示波器界面和实验室中的真实示波器较为相似，在仿真过程中可以进一步学习数字示波器的使用方法。

② 用李萨如图形法测量相位。

通过调节数字示波器的 CH1、CH2 的垂直位移，将输入/输出波形的过零点移到屏幕的中间，在数字示波器上选择 Display 功能按钮，再进一步选择 XY 模式，得到如图 5.2.6 所示的图形，屏幕的中心一般会出现一个椭圆。设 x 为椭圆与 X 轴交点到屏幕中心点的距离，x_0 为最大水平偏转距离，则两个电

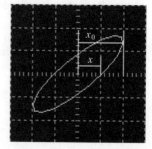

图 5.2.6　**李萨如图形**

压间相位差的绝对值为 $|\Delta\varphi| = \arcsin(x/x_0)$。使用数字示波器的"光标"功能,测出 x、x_0,经过计算可以得到相位差。

③ 用双踪显示法测量相位。

分别将电路的输入/输出信号送入数字示波器的
CH1、CH2,采用 YT 显示模式,并且通过调节示波器
的 CH1、CH2 的垂直位移,将输入/输出波形的过零点
移到屏幕的中间,屏幕上会出现两个同频率的正弦波,
如图 5.2.7 所示。由相位差定义,有 $\Delta\varphi = \dfrac{\Delta t}{T} \cdot 2\pi$。使

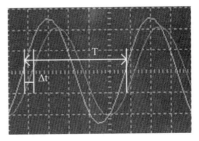

图 5.2.7　用双踪显示法测量相位

用数字示波器的"光标"功能,测出两个正弦波上升过
零点或下降过零点之间的距离 Δt,再测量信号的周期 T,代入上述公式,即可得到相
位差。

④ 用电压合成法测量相位。

分别将电路的输入/输出信号送入数字示波器的 CH1、CH2,先用数字示波器"测量"
功能测量输入信号的峰峰值 V_{ipp} 和输出信号的峰峰值 V_{opp},如图 5.2.8 所示。

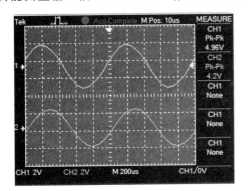

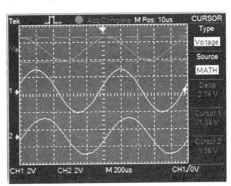

图 5.2.8　数字示波器显示输入/输出波形的峰峰值　图 5.2.9　数字示波器测量 $(u_i - u_o)$ 波形的峰峰值

使用数字示波器上的"数学"功能,选择"减法运算",在显示屏上显示 $(u_i - u_o)$ 波形,
如图 5.2.9 所示。用"光标"功能测量此时的电压峰峰值,记为 U。按照电压的矢量合成
法,则有 $U^2 = V_{\text{ipp}}^2 + V_{\text{opp}}^2 - 2V_{\text{ipp}}V_{\text{opp}}\cos\Delta\varphi$,由此可得相位差 $\Delta\varphi = \arccos\dfrac{V_{\text{ipp}}^2 + V_{\text{opp}}^2 - U^2}{2V_{\text{ipp}}V_{\text{opp}}}$。

⑤ 使用以上三种方法,将数字示波器测得的数据记入表 5.2.1 中。

表 5.2.1　三种方法下的数字示波器测量值

方法一		方法二		方法三	
x		Δt		V_{ipp}	
				V_{opp}	
x_0		T		U	
$\Delta\varphi$		$\Delta\varphi$		$\Delta\varphi$	

2. 制作 RC 移相电路, 试用三种方法测量相位差

用电阻、电容组成移相电路,要求输出电压 u_o 的相位较输入电压 u_i 的相位滞后。

实验步骤如下:

① 搭建实验电路测试平台。

参考图 5.2.10,搭建实验电路测试平台,使用函数信号发生器产生一个频率为 1 kHz、电压峰峰值为 5 V 的正弦信号,将其作为输入信号接入电路,并将该信号接到数字示波器的 CH1 通道;电容两端的电压作为电路的输出信号,将该信号接到数字示波器的 CH2 通道。调整数字示波器,使显示屏上显示稳定的电路输入/输出波形。

> **注意:** 实验电路、函数信号发生器和数字示波器要有相同的参考零电位,即参考地。

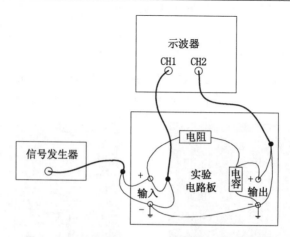

图 5.2.10　实验电路与各测试仪器的连接示意图

② 使用实验内容 1 中介绍的三种相位测量方法测量实验电路中的输入/输出波形的相位差。

③ 将使用三种方法测量的数据填入表 5.2.1 中。

实验报告

ⅰ. 整理实验数据,将数据记入实验报告中。

ⅱ. 根据测量数据计算不同方法下得到的相位差。

ⅲ. 给出结论,并分析在测量过程中产生误差的原因。

ⅳ. 谈谈本次实验的收获和体会。

思考题

设计一个移相电路,要求输入/输出电压间的相位差 $\Delta\varphi$ 在 0~180° 间可调。

5.3 实验三 二极管的基本应用之整流电路

实验目的

- 理解二极管的单向导电性。
- 熟悉整流电路,并掌握二极管在电路中的特性。
- 掌握函数信号发生器、数字示波器的使用方法。

实验预习

复习"模拟电子技术"课程中有关二极管特性的理论。

实验器材

带有变压器的实验箱、数字示波器、函数信号发生器、二极管 1N4148 若干、2 kΩ 电阻若干。

实验原理

二极管的单向导电性是二极管最重要的特性,利用它可以构成很多应用电路。本实验将给出二极管在整流电路中的应用。整流分为半波整流和全波整流。

1. 半波整流

半波整流电路如图 5.3.1 所示。

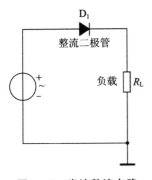

图 5.3.1 半波整流电路

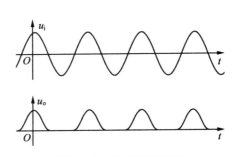

图 5.3.2 半波整流波形

从电路的整个工作周期来看,只有正半周期的电流能够流经负载,图 5.3.2 中的输入/输出电压波形能够很好地体现出这个整流过程。

虽说这个电流相对于不加二极管少了一半,但是根据直流电的定义还是可以判断出,此时交流电已经变成了直流电（这里说明一下，直流电分为脉动直流电和稳恒直流电，这里所说的直流电是指脉动直流电）。

2. 全波整流

在对第一种整流电路（半波整流）理解的基础上，再来看第二种整流电路（桥式整流，原理图见图 5.3.3）的原理。同样地，全波整流也是利用二极管的单向导电性。

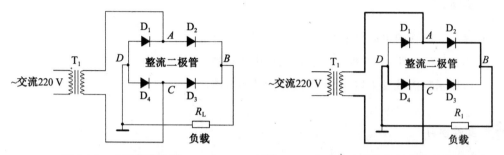

图 5.3.3　全波整流电路　　　　图 5.3.4　全波整流电路中前半周期电流示意图

如图 5.3.4 所示，假设变压器输出端上端为正，电流从上端流出，当到达 A 点时，很明显二极管 D_1 是处于反向截止状态，二极管 D_2 能正向导通。二极管 D_2 导通后，电流会从 B 点流出，流过负载到达 D 点，乍一看二极管 D_1 和二极管 D_4 都可以导通，事实上 A 点的电位高于 D 点的电位，这是由于负载分担了一部分电压，导致 D 点的电位低于 A 点的电位，因此二极管 D_1 截止，而二极管 D_4 导通。当二极管 D_4 导通后，电流会从 C 点流出，回到变压器的下端，这样已经工作了半个周期。

再分析另外半个周期，如图 5.3.5 所示，当变压器输出端下端为正，电流会从下端流出，到达 C 点，通过上面的分析也很容易看出来二极管 D_4 处于截止状态，二极管 D_3 导通。二极管 D_3 导通后，电流会从 B 点流出，经过负载到达 D 点，同样由于电源电压大部分都加在负载上了，导致 D 点的电位低于 C 点的电位，所以二极管 D_4 处于反向截止状态，二极管 D_1 导通。电流从 A 点流出，回到变压器上端。

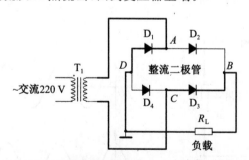

图 5.3.5　全波整流电路中后半周期电流示意图

从整个工作周期来看，在两个半周期中，电流都能够流经负载，且方向相同，图 5.3.6 中的电压波形能够很好地体现出这个整流过程。图 5.3.6 给出了全波整流电路的输入/输出波形。

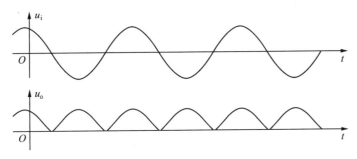

图 5.3.6　全波整流电路的输入/输出波形

实验内容与步骤

本实验采用 Multisim 软件进行电路仿真和制作实际电路两种方式完成。

1. 搭建半波整流电路

搭建半波整流电路,分别测试输入信号为 $u_s=10\sin\omega t$ V 和 $u_s=0.3\sin\omega t$ V 时负载两端的输出电压信号 u_L 的波形,并分析测量值与理论值的误差,分析误差原因。(输出电压的直流平均值为 $V_L=\dfrac{V_{sm}}{\pi}$,其中 V_{sm} 为 u_s 的振幅值。)

实验步骤如下:

① 按照图 5.3.1 制作电路,二极管采用 1N4148,$R_1=2$ kΩ。

② 由信号发生器产生峰峰值为 20 V、频率为 1 kHz 的正弦波作为 u_s,用数字示波器的两个通道同时观测 u_s 和负载两端的输出电压信号 u_L,完成表 5.3.1 的内容,并定量画出 u_s 和 u_L 波形,记录在表 5.3.2 中。测试仪器连接示意图如图 5.3.7 所示。(注意:数字示波器通道必须采用直流耦合方式。)

③ 调节信号源使 u_s 的峰峰值减小到 0.6 V,再用数字示波器的两个通道同时观测 u_s 和 u_L,完成表 5.3.1 的内容,并定量画出 u_s 和 u_L 波形,记录在表 5.3.3 中。

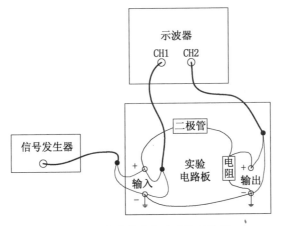

图 5.3.7　半波整流电路连接示意图

表 5.3.1　半波整流电路(u_s 频率为 1 kHz)

实测值			理论值	相对误差
输入信号峰峰值 V_{spp}/V	输出信号峰峰值 V_{Lpp}/V	输出信号平均值 V_L/V	输出信号平均值 V_L/V	
20 V				
0.6 V				

表 5.3.2　绘制 u_s 和 u_L 波形(峰峰值为 20 V)

信号名称	波　形
u_s	
u_L	

表 5.3.3　绘制 u_s 和 u_L 波形(峰峰值为 0.6 V)

信号名称	波　形
u_s	
u_L	

2. 搭建全波整流电路

搭建全波整流电路,观察电路在空载(输出端开路)和带电阻这两种情况下的输出波形,测量输出电压幅度,比较两种情况下的值有何差别,并分析原因。

实验步骤如下:

① 按照图 5.3.3 制作全波整流电路,二极管采用 1N4148,空载或者接 $R_1=2$ kΩ。

② 使用实验箱上的变压器输出的信号作为全波整流电路的输入信号。

由于函数信号发生器、数字示波器的电源的地线均和实验室的交流供电电源中的地线相连,所以函数信号发生器的负极和数字示波器的接地端电位相同,因此若用函数信号发生器作为信号输入,则无法用数字示波器观测全波整流电路的输出端的波形。在这里使用实验箱上的变压器的输出作为整流电路的输入信号就可避免上述问题。

③ 该电路无法用数字示波器的两个通道同时观测电路的输入/输出波形,因为数字示波器的 CH1、CH2 通道的接地端的电位是相同的,而从图 5.3.3 可以看出,电路的输入/输出信号并不共地,所以这里只要完成表 5.3.4 的内容,定量画出变压器端和负载端波形。测试仪器连接示意图如图 5.3.8 所示。(注意:数字示波器通道必须采用直流耦合方式。)

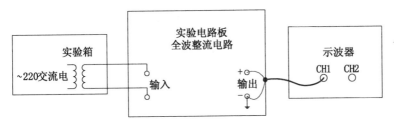

图 5.3.8　全波整流电路连接示意图

表 5.3.4　绘制全波整流电路的输入/输出电压波形

负载	变压器次级输出电压波形	负载端电压波形
空载		
2 kΩ 电阻		

 实验报告

ⅰ. 整理实验数据,将数据记录在实验报告中。

ⅱ. 报告中需包含测试电路及其原理简述,要对实验结果进行分析,并记录调试过程中出现的问题,说明解决方法和过程。

ⅲ. 给出结论,并分析在测量过程中产生误差的原因。

ⅳ. 谈谈本次实验的收获和体会。

思考题

ⅰ. 实验中,函数信号发生器产生的正弦波能否包含直流分量? 如何调节其直流分量?

ⅱ. 为什么桥式整流电路实验中不能用数字示波器的两个通道同时观测 u_s 和 u_L?

ⅲ. 为什么在实验中用数字示波器观测输入/输出电压时必须采用直流耦合方式? 否则会出现什么现象?

5.4 实验四　二极管的基本应用之钳位电路

实验目的

• 加深理解二极管的单向导电性。

• 熟悉钳位电路,并进一步掌握二极管在电路中的特性。

• 掌握函数信号发生器、数字示波器的使用方法。

 实验预习

复习"模拟电子技术"课程中有关二极管特性的理论。

 实验器材

数字示波器、函数信号发生器、电阻若干、电容若干、二极管 1N4148 若干。

 实验原理

钳位电路的作用是把整个信号幅值进行直流平移,输出波形与输入波形相比,信号的形状不变,只是在输入信号的基础上增加了直流分量。该直流分量的大小取决于电路的具体参数。

简单型二极管钳位电路如图 5.4.1 所示,以交流电压源 V 输出一个正弦信号 $u_i = V_m\sin(\omega t)$ 为例,分析该电路的钳位原理,其中 V_m 为正弦信号的振幅,ω 为信号的角频率。为了简单起见,设电容的初始电压 $u_C(0)=0$。假设信号源送入钳位电路的信号的初始相位为 0,时间由初始 0 时刻增至 $\frac{T}{4}$ 时,输入信号达到其峰值 V_m,电容的电压也被充至峰值 V_m-V_D。随之,输入信号电压值下降,很显然,二极管处于反偏截止状态,电容的电压没有放电通路,只能保持 V_m 不变,因而可得输出电压 $u_o = -u_C + u_i = -V_m + V_D + V_m\sin(\omega t)$。由此可见,输出电压被钳住了,输出与输入的波形相同,不同的只是输出波形进行了 $-V_m+V_D$ 的直流平移。图 5.4.2 是图 5.4.1 仿真结果的波形图,其中,在屏幕上方的是 CH1 通道的波形,是电路的输入信号 u_i,而下方左侧标有 2 的是 CH2 通道的波形,是电路的输出信号 u_o。

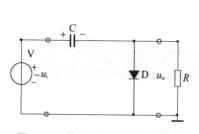

图 5.4.1　简单型二极管钳位电路

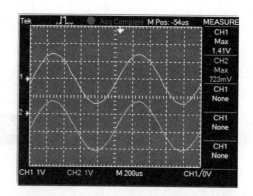

图 5.4.2　钳位电路的输入/输出波形

从图 5.4.2 可以看到,输出的波形相对输入波形降低了,即多加了一个负的直流分量,两者的波形没有发生变化,这就完成了钳位功能。只要电路中的 RC(时间常数)也足够大,输出波形就不会失真。电路对任何交流信号都可以产生钳位。

按照输出波形是由输入波形叠加一个正的直流分量还是叠加一个负的直流分量,可以把钳位电路称为正钳位电路或负钳位电路。图 5.4.1 就是一个简单的负钳位电路。

1.负钳位电路

• 简单型:如图 5.4.3 所示,当输入信号 u_i 处于正半周时,二极管 D 导通,C 充电至 V_m,$u_o = 0$ V。当输入信号 u_i 处于负半周时,二极管 D 截止,$u_o = -2V_m$。(假设此时的二极管是理想二极管,正向导通,反向截止,正向导通时电压为零。)

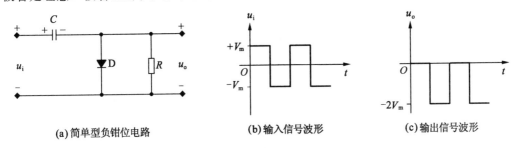

(a)简单型负钳位电路　　　　(b)输入信号波形　　　　(c)输出信号波形

图 5.4.3　简单型负钳位电路与波形

• 加偏压型:如图 5.4.4 所示,当输入信号 u_i 处于正半周时,二极管 D 导通,C 充电至 $V_m - V_x$(左正、右负),$u_o = +V_x$,见图 5.4.4(a);或者 $u_o = -V_x$,见图 5.4.4(c)。当输入信号 u_i 处于负半周时,二极管 D 截止,RC 时间常数足够大,$u_o = \pm V_x - 2V_m$。

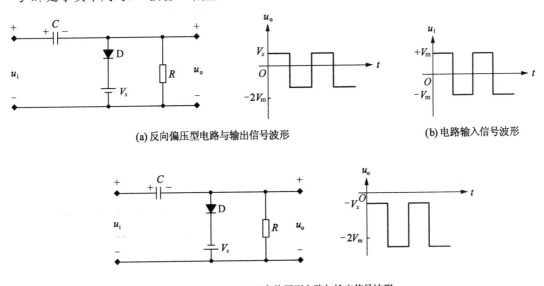

(a)反向偏压型电路与输出信号波形　　　　(b)电路输入信号波形

(c)正向偏压型电路与输出信号波形

图 5.4.4　加偏压型负钳位电路

2.正钳位电路

• 简单型:如图 5.4.5 所示,当输入信号 u_i 处于负半周时,二极管 D 导通,C 充电至 V_m(左负、右正),$u_o = 0$ V。当输入信号 u_i 处于正半周时,二极管 D 截止,$u_o = 2V_m$。(假设此时的二极管是理想二极管,正向导通,反向截止,正向导通时电压为零。)

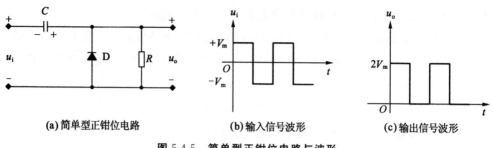

(a) 简单型正钳位电路　　　(b) 输入信号波形　　　(c) 输出信号波形

图 5.4.5　**简单型正钳位电路与波形**

• 加偏压型：如图 5.4.6 所示,当输入信号 u_i 处于负半周时,二极管 D 导通,C 充电至 $V_m + V_x$(左负、右正),$u_o = +V_x$,见图 5.4.6(a);或者 $u_o = -V_x$,见图 5.4.6(c)。当输入信号 u_i 处于正半周时,二极管 D 截止,RC 时间常数足够大,$u_o = \pm V_x + 2V_m$。

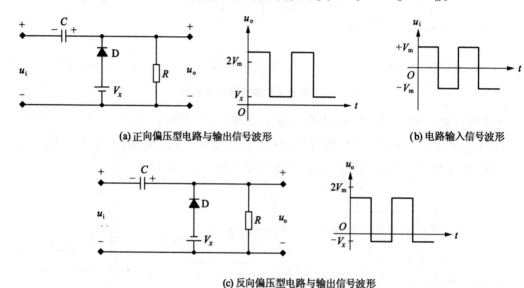

(a) 正向偏压型电路与输出信号波形　　　(b) 电路输入信号波形

(c) 反向偏压型电路与输出信号波形

图 5.4.6　**加偏压型正钳位电路**

实验内容与步骤

本实验采用 Multisim 软件进行电路仿真和制作实际电路两种方式完成。

搭建电路,观察各种钳位电路下的输入波形和输出波形的关系,验证钳位电路的工作原理。在上述基础上改变电阻和电容的参数,比较同一电路在同样的输入情况下,修改电路参数,结果是否会发生变化。

简单型钳位电路实验步骤如下：

① 按照图 5.4.3 制作电路,二极管采用 1N4148,$C = 10\ \mu F$,$R = 10\ k\Omega$。

② 由信号发生器产生峰峰值为 10 V、频率为 1 kHz 的正弦波作为 u_i,用数字示波器的两个通道同时观测 u_i 和 u_o,并定量画出 u_i 和 u_o 的波形(波形上下对齐,画出坐标轴),记录在表 5.4.1 中,确定二极管正向导通压降 V_D。测试仪器连接示意图可参考图 5.4.7。(注意：数字示波器通道必须采用直流耦合方式。)

③ 颠倒二极管方向,重复步骤②。

④ 更换电路参数,$C=0.01\ \mu F,R=1\ k\Omega$,按照图 5.4.3 重新制作电路。

⑤ 重复步骤②③。

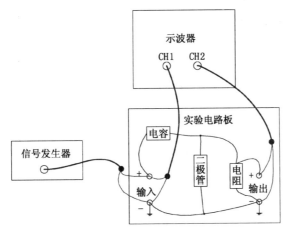

图 5.4.7　**简单型钳位电路连接示意图**

偏压型钳位电路实验步骤如下:

① 按照图 5.4.4 制作电路,二极管采用 1N4148,$C=10\ \mu F,R=10\ k\Omega$。

② 由信号发生器产生峰峰值为 10 V、频率为 1 kHz 的正弦波作为 u_i,直流偏压 V_x 用直流稳压电源产生一个 2 V 的直流信号,按照图 5.4.4(a)的方式加入电路中,用数字示波器的两个通道可同时观测 u_i 和 u_o,定量画出 u_i 和 u_o 的波形(波形上下对齐,画出坐标轴),记录在表 5.4.1 中,确定二极管正向导通压降 V_D。测试仪器连接示意图可参考图 5.4.8。(注意:示波器通道必须采用直流耦合方式。)

③ 交换直流稳压电源的正负极与电路的连接位置,重复步骤②。

④ 颠倒二极管方向,重复步骤②③。

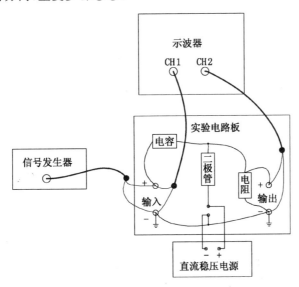

图 5.4.8　**偏压型钳位电路连接示意图**

实验报告

ⅰ. 整理实验数据,将数据记录在实验报告中。

ⅱ. 报告中需包含测试电路及其原理简述,要对实验结果进行分析,并记录调试过程中出现的问题,说明解决方法和过程,最后给出结论。

ⅲ. 谈谈本次实验的收获和体会。

思考题

实验电路中如果 RC 时间常数比较小,电路的输出会出现什么现象?为什么?

表 5.4.1 波形记录

信号	波形记录
u_i	
u_o	

5.5 实验五 双极结型三极管(BJT)共射极放大电路

 实验目的

- 熟悉和制作 BJT 共射极放大电路,理解其工作原理。
- 熟练运用电子测量仪器进行电路参数的调试和误差分析。

 实验预习

复习"模拟电子技术"课程中有关 BJT 三极管特性的理论。

 实验器材

数字示波器、函数信号发生器、直流稳压电源、数字式多用表、三极管、电阻、电容。

实验原理

1. BJT 的特性曲线

双极结型三极管(Bipolar Junction Transistor,BJT)是由两个 PN 结反极性串联而成的三端器件,三个电极分别是发射极 E、基极 B、集电极 C,有 NPN 型和 PNP 型两种结构,其结构示意图见图 5.5.1、图 5.5.2。构成三极管的两个 PN 结,一个被称为集电结,另一个被称为发射结。

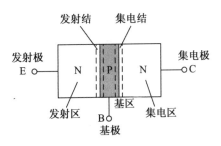

图 5.5.1　NPN 三极管结构示意图　　　　图 5.5.2　PNP 三极管结构示意图

BJT 各电极电压与电流的关系曲线被称为特性曲线,它是管子内部载流子运动的外部表现,反映了 BJT 的性能,是分析放大电路的依据。测量 BJT 特性的实验线路通常选用共发射极接法,如图 5.5.3 所示。

图 5.5.4 给出了测试电路输入回路的电压-电流关系曲线,又被称为输入特性曲线。可以看出,该曲线就是一个 PN 结(发射结)的正向特性曲线。

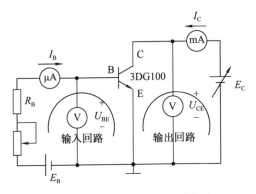
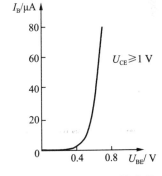

图 5.5.3　BJT 特性曲线测试电路　　　　图 5.5.4　BJT 输入特性曲线

在输入回路不同的 I_B 下,测试电路可得出不同的曲线,所以 BJT 的输出特性曲线是一组曲线,如图 5.5.5(a)、图 5.5.5(b)、图 5.5.5(c)所示。BJT 有三种工作状态,从它的输出特性曲线可以分为三个区:放大区、截止区和饱和区。

在放大区,$I_C = \beta I_B$,也称为线性区,具有恒流特性。在放大区,发射结处于正向偏置,集电结处于反向偏置,晶体管工作于放大状态。对 NPN 型管而言,应使 $U_{BE} > 0$,$U_{BC} < 0$,此时,$U_{CE} > U_{BE}$。

$I_B=0$ 曲线以下的区域称为截止区。对 NPN 型硅管，当 $U_{BE}<0.5$ V 时，即已开始截止，为使晶体管可靠截止，常使 $U_{BE}\leqslant0$。截止时，集电结也处于反向偏置（$U_{BC}<0$），此时，$I_C\approx0$，$U_{CE}\approx E_C$。

当 $U_{CE}<U_{BE}$ 时，集电结处于正向偏置（$U_{BC}>0$），晶体管工作于饱和状态。在饱和区，$\beta I_B>I_C$，发射结处于正向偏置，集电结也处于正偏状态。深度饱和时，硅管 $U_{CE}\approx0.3$ V，锗管 $U_{CE}\approx0.1$ V，$I_C\approx\dfrac{E_C}{R_C}$。

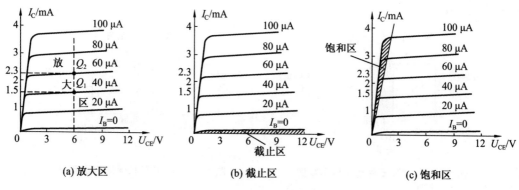

(a) 放大区   (b) 截止区   (c) 饱和区

图 5.5.5   BJT 输出特性曲线

三极管的主要功能是电流放大和开关作用。构成放大器时，BJT 工作在放大区；构成开关电路时，利用 BJT 的饱和区和截止区。

2. BJT 共射极放大电路的电路参数

图 5.5.6 的 BJT 共射极放大电路，其静态工作点 Q 可以通过式（5.5.1）至式（5.5.4）进行估算。

基极电压
$$V_{BQ}=\frac{R_{b2}}{R_{b1}+R_{b2}}\times V_{CC} \tag{5.5.1}$$

集电极电流
$$I_{CQ}\approx I_{EQ}=\frac{V_{BQ}-V_{BEQ}}{R_{e1}+R_{e2}}\approx\frac{V_{BQ}-0.7\text{V}}{R_{e1}} \tag{5.5.2}$$

集电极-发射极电压
$$V_{CEQ}\approx V_{CC}-I_{CQ}(R_{e1}+R_C) \tag{5.5.3}$$

基极电流
$$I_{BQ}=\frac{I_{CQ}}{\beta} \tag{5.5.4}$$

电路的动态性能指标可由式（5.5.5）至式（5.5.8）估算。

在运用小信号模型对电路进行动态分析时：

发射结电阻
$$r_{be}=200+(1+\beta)\times\frac{26\text{mV}}{I_{EQ}} \tag{5.5.5}$$

电路的电压增益
$$A_V=-\frac{\beta(R_C/\!/R_L)}{r_{be}+(1+\beta)R_{e2}} \tag{5.5.6}$$

电路的输入电阻
$$R_i=R_{b1}/\!/R_{b2}/\!/[r_{be}+(1+\beta)R_{e2}] \tag{5.5.7}$$

电路的输出电阻
$$R_o=R_C \tag{5.5.8}$$

另外，电路的通频带也是一个重要的电路参数。通频带也称为带宽（Band Width，

BW），用于衡量放大电路对不同频率信号的放大能力，其值可通过式(5.5.9)进行估算。

电路的通频带 $$BW = f_H - f_L \qquad (5.5.9)$$

式中，f_H 是电路增益为最大增益 0.707 倍时的上限频率，f_L 是电路增益为最大增益 0.707 倍时的下限频率。

实验内容与步骤

本实验采用 Multisim 软件进行电路仿真和制作实际电路两种方式完成。

1. 测试电路的静态工作点

实验步骤如下：

① 按照图 5.5.6 制作共射极放大电路，V_{CC} 的 12 V 取自直流稳压电源。

② 安装电阻前先用数字式多用表测试电阻值，并填入表 5.5.1 的相应栏中。

③ 检查无误后接通电源。

④ 用数字式多用表的直流电压挡测量电路的 V_E（射极对地电压）和 V_C（集电极对地电压），计算静态工作点的 I_{CQ}、V_{CEQ}，填入表 5.5.1。

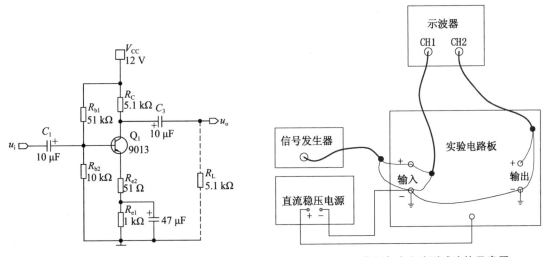

图 5.5.6　共射极放大电路　　　　图 5.5.7　放大电路实验测试连接示意图

2. 测试放大电路的输入/输出波形和通带电压增益

实验步骤如下：

① 参考图 5.5.7，搭建放大电路实验测试平台。

② 调整信号源，使其输出峰峰值为 30 mV、频率为 1 kHz 的正弦波，作为放大电路的 u_i。

③ 分别用数字示波器的两个通道同时测试 u_i 和 u_o，在实验报告上定量画出 u_i 和 u_o 的波形（时间轴上下对齐），分别测试 $R_L = 5.1$ kΩ 和 R_L 开路两种情况下的 u_i 和 u_o，完成表 5.5.2。

3. 测试放大电路的输入电阻

实验步骤如下：

① 采用在输入回路串入已知电阻的方法测量输入电阻，其局部连接示意图如图 5.5.8 所示。

② 电阻 R 的取值尽量与输入电阻 R_i 接近（此处可取 $R=2$ kΩ）。调整信号源，使其 u_i 依旧为峰峰值为 30 mV、频率为 1 kHz 的正弦波，用数字示波器的一个通道始终监视输出 u_o 的波形，用另一个通道先后测量 u_i' 和 u_i，则输入电阻为

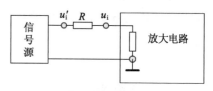

图 5.5.8　输入电阻测试局部示意图

$$R_i = \frac{u_i}{u_i' - u_i} \times R$$

测量过程中要保证 u_o 不出现失真现象。

4. 测试放大电路的输出电阻

采用改变负载的方法测试输出电阻。分别测试负载开路输出电压 u_o' 和接入已知负载 R_L 时的输出电压 u_o，测量过程中同样要保证 u_o 不出现失真现象。实际上在表 5.5.2 中已得到 u_o' 和 u_o 的峰峰值，则输出电阻为

$$R_o = \frac{V_{opp}' - V_{opp}}{V_{opp}} \times R_L$$

R_L 越接近 R_o，误差越小。

5. 测试放大电路的通频带

实验步骤如下：

① 在前面的实验步骤中，输入峰峰值为 30 mV、频率为 1 kHz 的正弦波，用数字示波器的一个通道始终监视输入波形的峰峰值，用另一个通道测量输出波形的峰峰值。

② 保持输入波形的峰峰值不变，调节信号源的频率，逐渐提高信号的频率，观测输出波形的幅值变化，并适时调节数字示波器水平轴的扫描速率，保证始终能清晰地观测到正常的正弦波。

③ 持续提高信号的频率，直到输出波形峰峰值降为 1 kHz 时的 0.707 倍，此时信号的频率即为上限频率 f_H，记录该频率；类似地，逐渐降低信号的频率，直到输出波形峰峰值降为 1 kHz 时的 0.707 倍，此时信号的频率即为下限频率 f_L，记录该频率，完成表 5.5.3。

> **注意：** 测试过程中必须时刻监视输入波形峰峰值，若有变化，需调整信号源的输出幅值，保持 u_i 的峰峰值始终为 30 mV。

6. 测试静态工作点对信号放大产生的影响

① 将图 5.5.6 中的电阻 R_{b1} 换成一个电位器和一个电阻的串联，如图 5.5.9 所示。

② 输入峰峰值为 90 mV、频率为 1 kHz 的正弦波，用数字示波器的两个通道同时观测 u_i 和 u_o，不断调节电位器 R_p，观察 R_p 分别

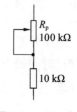

图 5.5.9　R_{b1} 支路

调小和调大时输出波形的变化情况,并将结果记录于表 5.5.4 中。

 实验报告

ⅰ.整理实验数据,并将实验数据记录在实验报告中。

ⅱ.实验报告中需包含测试电路及其原理简述,要对实验结果进行分析,并记录调试过程中出现的问题,说明解决方法和过程。

ⅲ.给出结论,并分析在测量过程中产生误差的原因。

ⅳ.谈谈本次实验的收获和体会。

思考题

ⅰ.测量放大器的静态工作点时,如果测得 $V_{CEQ} < 0.5$ V,说明三极管处于什么工作状态? 如果 $V_{CQ} \approx V_{CC}$,三极管又处于什么工作状态?

ⅱ.调整静态工作点时,为什么要用一个固定电阻与电位器相串联,而不能直接用电位器?

ⅲ.实验中,若将 R_{b1} 错接为 20 kΩ 的电阻,电路将会出现什么问题? 若将 R_{b2} 错接为 2 kΩ 的电阻,电路又将会出现什么问题?

ⅳ.测量输入电阻 R_i 和输出电阻 R_o 时,为什么测试电阻 R 要与 R_i 和 R_o 相接近?

表 5.5.1　静态工作点

实测值		计算值		BJT 处于哪个工作区
V_E/V	V_C/V	$I_{CQ} \approx \dfrac{V_E}{R_{e1}}/mA$	$V_{CEQ}(=V_C-V_E)/V$	
实测电阻值	$R_{b1}=$ 　,$R_{b2}=$ 　,$R_C=$ 　,$R_{e1}=$ 　,$R_{e2}=$ 　,$R_L=$ 　,$\beta=$			

表 5.5.2　电压增益($f=1$ kHz)

负载情况	u_i 峰峰值 V_{ipp}/mV	u_o 峰峰值 V_{opp}/mV	$|A_V|=V_{opp}/V_{ipp}$	$|A_V|$ 理论值	相对误差
$R_L=5.1$ kΩ	30				
负载开路	30				

表 5.5.3　通频带($V_{pp}=30$ mV)

信号频率 f	f_L	—	f_H
		1 kHz	
输出信号峰峰值 V_{opp}			
$|A_V|$			

表 5.5.4　静态工作点对信号放大的影响

	R_p 适中	R_p 调小时	R_p 调大时
BJT 处于哪个工作区？			
u_o 波形			

5.6　实验六　MOSFET 共源放大电路

 实验目的

- 熟悉和制作本节中的基本实验电路，理解其工作原理。
- 熟练运用电子测量仪器进行电路参数的调试和误差分析。

 实验预习

复习"模拟电子技术"课程中有关 MOSFET 三极管特性的理论。

 实验器材

数字示波器、函数信号发生器、直流稳压电源、数字式多用表、MOSFET、电阻、电容。

 实验原理

MOSFET 的原意是 MOS(Metal Oxide Semiconductor，金属氧化物半导体)＋ FET(Field Effect Transistor，场效应晶体管)，即以金属层(M)的栅极隔着氧化层(O)，利用电场的效应来控制半导体(S)的场效应晶体管。MOS 器件共有四种类型：N 沟道增强型 MOSFET、N 沟道耗尽型 MOSFET、P 沟道增强型 MOSFET、P 沟道耗尽型 MOSFET。

MOSFET 的结构和电路符号如图 5.6.1(a)至图 5.6.1(d)所示，它有四个端子，分别称为：漏极(符号表示 D)、源极(符号表示 S)、栅极(符号表示 G)、衬底(符号表示 B)。

这里以 N 沟道增强型 MOSFET 为例介绍 MOSFET 的结构和工作原理。图 5.6.1(a)是 N 沟道增强型 MOSFET 的剖面图，它用一块 P 型硅半导体材料作为衬底，在其面上扩散了两个 N 型区，再在上面覆盖一层二氧化硅(SiO₂)绝缘层，最后在 N 区上方用腐蚀的方法做成两个孔，用金属化的方法分别在绝缘层上及两个孔内做成三个电极：栅极(G)、源极(S)及漏极(D)。

从图 5.6.1(a)中可以看出，N 沟道增强型 MOSFET 的 G 与 D 及 S 是绝缘的，D 与 S 之间有两个 PN 结。一般情况下，衬底与源极在内部连接在一起。

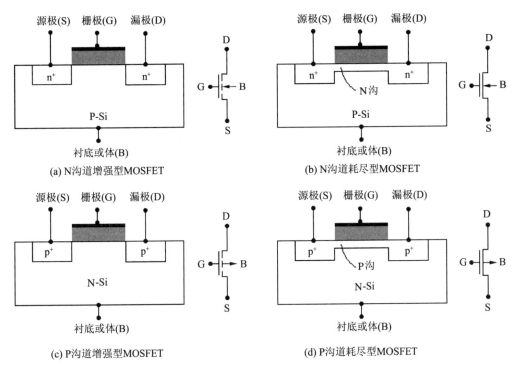

图 5.6.1　**四种类型 MOSFET 器件的剖面图及电路符号**

1. MOSFET 工作原理

要使 N 沟道增强型 MOSFET 工作,要在 G、S 之间加正电压 V_{GS} 及在 D、S 之间加正电压 V_{DS},则产生正向工作电流 I_D。改变 V_{GS} 的电压,可控制工作电流 I_D,如图 5.6.2 所示。

若先不接 V_{GS}(即 $V_{GS}=0$),在 D 与 S 极之间加一正电压 V_{DS},漏极 D 与衬底之间的 PN 结处于反向,因此漏源之间不能导电。如果在栅极 G 与源极 S 之间加一电压 V_{GS},此时可以将栅极与衬底看作电容器的两个极板,而氧化物绝缘层作为电容器的介质。当加上 V_{GS} 时,在电场的作用下,绝缘层和栅极界面上感应出正电荷,而在绝缘层和 P 型衬底界面上感应出负电荷。这层感应的负电荷和 P 型衬底中的多数载流子(空穴)的极性相反,所以称为"反型层",这个反型层有可能将漏与源的两个 N 型区连接起来形成导电沟道。当 V_{GS} 电压太低时,感应出来的负电荷较少,它将被 P 型衬底中的空穴中和,因此在这种情况时,漏源之间仍然无电流 I_D。当 V_{GS} 增加到一定值时,其感应的负电荷把两个分离的 N 区沟通形成 N 沟道,这个临界电压称为开启电压(或称阈值电压、门限电压),用符号 V_T 表示(一般规定在 $I_D=10\ \mu A$ 时的 V_{GS} 作为 V_T)。当 V_{GS} 继续增大,负电荷增加,导电沟道扩大,电阻降低,I_D 也随之增加,并且呈较好的线性关系,如图 5.6.3 所示。此曲线称为转移特性曲线。因此,在一定范围内,改变 V_{GS} 来控制漏源之间的电阻,可以达到控制 I_D 的目的。

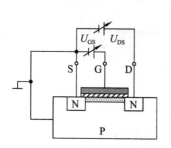

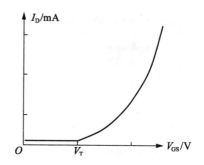

图 5.6.2 N 沟道增强型 MOSFET 测试电路　　**图 5.6.3 N 沟道增强型场效应管的转移特性曲线**

当 V_{GS} 改变时，I_D-V_{DS} 特征曲线将有所变化。如果 V_{GS} 增大，I_D-V_{DS} 曲线的斜率也会增大，由于 $V_{GS} - V_T = V_{DS(sat)}$，所以漏源饱和电压是栅源电压的函数。由此可以画出 N 沟道增强型 MOSFET 的曲线族，如图 5.6.4 所示。

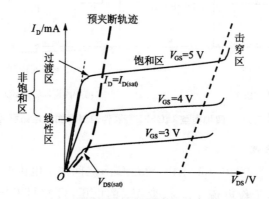

图 5.6.4 N 沟道增强型场效应管的输出特性曲线

当 $V_{DS} > 0$，但值较小时，V_{DS} 对沟道的影响可忽略，沟道厚度均匀，相当于一个固定阻值的电阻，此时场效应管工作在线性区。

当 $0 < V_{DS} < V_{GS} - V_T$，即 $V_{GD} = V_{GS} - V_{DS} > V_T$ 时，导电沟道呈现一个楔形，靠近漏端的导电沟道减薄，此时场效应管工作在过渡区。

当 $V_{DS} = V_{GS} - V_T$，即 $V_{GD} = V_T$ 时，漏极沟道达到临界开启程度，出现预夹断，此时 $V_{DS} = V_{DS(sat)}$。

当 $V_{DS} > V_{GS} - V_T$，即 $V_{GD} < V_T$ 时，夹断区发生扩展，夹断点向源端移动，此时场效应管工作在饱和区，I_D 的大小受 V_{GS} 的控制。

N 沟道耗尽型场效应管的结构如图 5.6.1(b)所示，耗尽型与增强型的主要区别是在器件的制作过程中 SiO_2 绝缘层中有大量的正离子，在 P 型衬底的界面上感应出较多的负电荷，两个 N 型区中间的 P 型硅内形成一个 N 型硅薄层而产生一导电沟道，所以在 $V_{GS} = 0$，有 V_{DS} 作用时也有一定的 I_D（称为漏极饱和电流 I_{DSS}）；当 $V_{GS} < 0$ 时，随着 V_{GS} 的减小，改变感应的负电荷数量，漏电流逐渐减小，直至 $I_D = 0$。对应 $I_D = 0$ 的 V_{GS} 称为夹断电压，用符号 V_{TP} 表示。

N 沟道耗尽型场效应管的转移特性曲线如图 5.6.5 所示。

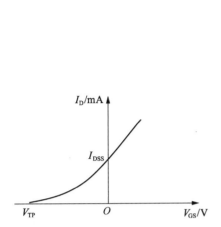

图 5.6.5　N 沟道耗尽型场效应管的转移特性曲线

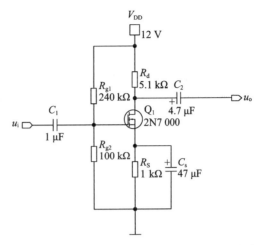

图 5.6.6　N 沟道增强型场效应管共源极放大电路

2. MOSFET 共源极放大电路的电路参数

图 5.6.6 为 N 沟道增强型 MOSFET 共源极放大电路,其静态工作点 Q 可以通过式 (5.6.1) 至式 (5.6.3) 进行估算。

源极-栅极电压
$$V_{GSQ} = \frac{R_{g2}}{R_{g1} + R_{g2}} \times V_{DD} - I_{DQ} R_S \tag{5.6.1}$$

漏极电流
$$I_{DQ} = K_n (V_{GS} - V_{TN})^2 \tag{5.6.2}$$

漏极-源极电压
$$V_{DSQ} = V_{DD} - I_{DQ} (R_d + R_s) \tag{5.6.3}$$

动态性能指标可由式 (5.6.4) 至式 (5.6.6) 估算:

电路增益
$$A_V = -g_m R_d \tag{5.6.4}$$

电路的输入电阻
$$R_i = R_{g1} /\!/ R_{g2} \tag{5.6.5}$$

电路的输出电阻
$$R_o = R_d \tag{5.6.6}$$

V_{TN} 是 MOSFET 管的开启电压,$g_m{}'$ 为数据手册中给出的某个 I_D 下的低频跨导,单位为西门子,用 S 表示,因为它的值很小,通常会用 mS 或 μS 作为单位。式 (5.6.2) 中的 K_n 可以由公式 $K_n = \dfrac{(g_m{}')^2}{I_D}$ 获得。式 (5.6.4) 中的 g_m 是图 5.6.6 电路静态工作点下 MOS 管的互导,可以由公式 $g_m = g_m{}'\sqrt{I_{DQ}/I_D}$ 获得,这里的 I_D 为数据手册上查到的 $g_m{}'$ 所对应的 I_D 值。

📋 **实验内容与步骤**

本实验采用 Multisim 软件进行电路仿真和制作实际电路两种方式完成。

1. 测试电路的静态工作点

实验步骤如下:

① 按照图 5.6.6 制作共源极放大电路,V_{DD} 的 12 V 取自直流稳压电源。

② 安装电阻前先用数字式多用表测试电阻值并填入表 5.6.1 的相应栏中。检查无误

后接通电源。用数字式多用表的直流电压挡测量电路的 V_G（栅极对地电压）、V_S（源极对地电压）和 V_D（漏极对地电压），计算静态工作点 Q 处的 I_{DQ}、V_{GSQ}、V_{DSQ}，填入表 5.6.1。

③ 关闭电源，将 R_{g1} 改为 100 kΩ，检查无误后接通电源，再次测量 V_G、V_S 和 V_D，计算静态工作点 Q 处的 I_{DQ}、V_{GSQ}、V_{DSQ}，填入表 5.6.1。

④ 关闭电源，将 R_{g1} 恢复为 240 kΩ，而将 R_{g2} 改为 33 kΩ，检查无误后接通电源，再次测量 V_G、V_S 和 V_D，计算静态工作点 Q 处的 I_{DQ}、V_{GSQ}、V_{DSQ}，填入表 5.6.1。

2. 测试放大电路的输入/输出波形和通带电压增益

实验步骤如下：

① 参考 5.5 节的图 5.5.7 搭建放大电路实验测试平台。

② 关闭电源，将电阻参数恢复为 $R_{g1}=240$ kΩ，$R_{g2}=100$ kΩ，检查无误后接通电源。

③ 调整信号源，使其输出峰峰值为 30 mV、频率为 1 kHz 的正弦波，作为放大电路的 u_i。

④ 分别用数字示波器的两个通道同时测试 u_i 和 u_o，在实验报告上定量画出 u_i 和 u_o 的波形（时间轴上下对齐），分别测试 $R_L=5.1$ kΩ 和 R_L 开路两种情况下的 u_i 和 u_o，完成表 5.6.2。

3. 测试放大电路的输入电阻

实验步骤如下：

① 采用在输入回路串入已知电阻的方法测量输入电阻，由于 MOSFET 放大电路的输入电阻较大，所以当测量仪器的输入阻抗不够大时，通过直接测量电阻 R 两端电压，计算得到输入电阻的方式误差较大。这里采用其局部连接示意图，如图 5.6.7 所示。

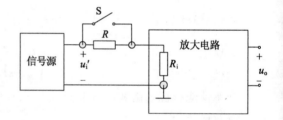

图 5.6.7　高输入电阻测试示意图

② 记录输出电压 u_{o1} 和 u_{o2} 的值。电阻 R 的取值尽量与 R_i 接近（此处可取 $R=15$ kΩ）。调整信号源，使其输出峰峰值依旧为 30 mV、频率为 1 kHz 的正弦波，用数字示波器的一个通道始终监视输出 u_o 的波形，用另一个通道先后测量开关 S 闭合和断开时对应的输出电压 u_{o1} 和 u_{o2}，则输入电阻为

$$R_i = \frac{u_{o2}}{u_{o1}-u_{o2}} \times R$$

测量过程中要保证不出现失真现象。

4. 测试放大电路的输出电阻

采用改变负载的方法测试输出电阻。分别测试负载开路输出电压 u_o' 和接入已知负载 R_L 时的输出电压 u_o，测量过程中同样要保证 u_o 不出现失真现象。实际上在表 5.6.2 中已得到 u_o' 和 u_o 的峰峰值 V_{opp}' 和 V_{opp}，则输出电阻为

$$R_o = \frac{V_{opp}'-V_{opp}}{V_{opp}} \times R_L$$

R_L 越接近 R_o，误差越小。

5．测试放大电路的通频带

实验步骤如下：

① 在前面的实验步骤中，输入峰峰值为 30 mV、频率为 1 kHz 的正弦波，用数字示波器的一个通道始终监视输入波形的峰峰值，用另一个通道测量输出波形的峰峰值。

② 保持输入波形的峰峰值不变，逐渐提高信号的频率，观测输出波形的幅值变化，并适时调节示波器水平轴的扫描速率，保证始终能清晰地观测到正常的正弦波。

③ 持续提高信号的频率，直到输出波形峰峰值降为 1 kHz 时的 0.707 倍，此时信号的频率即为上限频率 f_H，记录该频率；类似地，逐渐降低信号的频率，直到输出波形峰峰值降为 1 kHz 时的 0.707 倍，此时信号的频率即为下限频率 f_L，记录该频率，完成表 5.6.3。

通频带（带宽）
$$BW = f_H - f_L$$

注意：	测试过程中必须时刻监视输入波形峰峰值，若有变化，需调整信号源的输出幅值，保持 u_i 的峰峰值始终为 30 mV。

表 5.6.1　静态工作点

偏置电阻	实测值			计算值			MOSFET 处于哪个工作区
	V_G /V	V_S /V	V_D /V	$I_{DQ} = \dfrac{V_S}{R_S}$ /mA	$V_{GSQ}(=V_G - V_S)$ /V	$V_{DSQ}(=V_D - V_S)$ /V	
$R_{g1}=240$ kΩ $R_{g2}=100$ kΩ							
$R_{g1}=100$ kΩ $R_{g2}=100$ kΩ							
$R_{g1}=240$ kΩ $R_{g2}=33$ kΩ							
实测电阻值	$R_{g1}=$	，$R_{g2}=$		，$R_d=$		，$R_S=$	

表 5.6.2　电压增益（$f=1$ kHz）

负载情况	u_i 峰峰值 V_{ipp}/mV	u_o 峰峰值 V_{opp}/mV	$\lvert A_V \rvert = V_{opp}/V_{ipp}$	$\lvert A_V \rvert$ 理论值	相对误差
$R_L=5.1$ kΩ	30				
负载开路	30				

表 5.6.3　通频带（$V_{pp}=30$ mV）

	f_L	—	f_H
信号频率 f		1 kHz	
输出信号峰峰值 V_{opp}			
$\lvert A_V \rvert$			

实验报告

ⅰ.整理实验数据,并将实验数据记录在实验报告中。

ⅱ.报告中需包含测试电路及其原理简述,要对实验结果进行分析,并记录调试过程中出现的问题,说明解决方法和过程。

ⅲ.给出结论,并分析在测量过程中产生误差的原因。

ⅳ.谈谈本次实验的收获和体会。

 思考题

ⅰ.与 BJT 相比,MOSFET 有何优越性?

ⅱ.为什么场效应管共源极放大电路输入端的耦合(隔直)电容 C_1 一般远小于 BJT 放大电路的耦合电容?

ⅲ.在同样的静态电流条件下,为什么 FET 电压放大器的放大倍数通常小于 BJT 的电压放大倍数?

5.7　实验七　集成运算放大器的参数测试

 实验目的

- 了解集成运算放大器主要参数的定义。
- 掌握集成运算放大器输入失调电压 V_{IO}、输入失调电流 I_{IO} 的测试方法。
- 掌握集成运算放大器共模抑制比 K_{CMR} 的测试方法。
- 掌握用数字示波器的 XY 显示模式观察传输特性的方法。

 实验预习

- 复习集成运算放大器的主要技术指标和定义,了解输入失调电压 V_{IO}、输入失调电流 I_{IO} 产生的原因。
- 弄清开环电压放大倍数 A_{VO}、输入失调电压 V_{IO}、输入失调电流 I_{IO}、共模抑制比 K_{CMR} 的测量原理。
- 了解用数字示波器的 XY 显示模式观察传输特性的方法。

 实验器材

数字示波器、函数信号发生器、直流稳压电源、数字式多用表、通用集成运算放大器

uA741、电阻若干、电容若干、用于制作电路的实验箱（面包板）或万能板。

**实验原理**

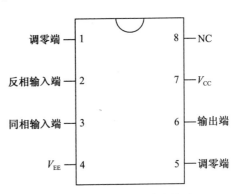

图 5.7.1　uA741 的引脚排列

本实验主要测试通用集成运算放大器 uA741 的参数值。uA741 是一个单运放芯片，它的引脚排列如图 5.7.1 所示。

1. uA741 的供电及调零

uA741 是一款双电源供电的集成运算放大器芯片。

运放工作时，需要为其提供合适的直流工作电源。图 5.7.2 是集成运算放大器双电源工作时放大器的部分电路，通常靠近集成运算放大器的两个电源引脚附近到地之间各接一个 0.1 μF 的电容，以滤除电源线引入的干扰信号。电路中 10 μF 的电解电容通常接在外接电源到实验电路的入口点，以滤除电源的干扰。

为了防止电源的正、负极性接反，导致芯片损坏，可以利用二极管的单向导电性，采用图 5.7.2 所示的保护措施。

由于输入失调电压和失调电流的影响，在使用时当集成运算放大器的输入为零时，输出不为零，将影响电路的精度，严重时使集成运算放大器不能正常工作。

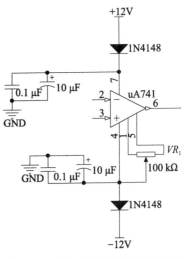

图 5.7.2　uA741 的供电和调零电路

可以通过调零的方法消除失调误差。调零的原理是在集成运算放大器的输入端外加一个补偿电压，以抵消集成运算放大器本身的失调电压，达到调零的目的。uA741 的调零引出端为 1 脚和 5 脚，其调零电路如图 5.7.2 所示，调节电位器 $VR1$，可使集成运算放大器输出电压为零。调零时必须细心，切记不要使电位器 $VR1$ 的滑动端与地线或正电源线相碰，否则会损坏集成运算放大器。

2. 测试集成运算放大器的传输特性及输出电压的动态范围

集成运算放大器输出电压的动态范围是指在不失真的条件下所能达到的最大幅度。为了测试方便，在一般情况下就用其输出电压的最大摆幅 V_{opp} 当作集成运算放大器的最大动态范围。其测试电路如图 5.7.3 所示。

图 5.7.3 中 u_i 为正弦信号，当接入负载 R_L 后，逐步加大输入信号 u_i 的幅值，直至数字示波器上输出电压的波形顶部或底部出现削波为止。此时的输出电压幅度 V_{opp} 就是集成运算放大器的最大摆幅。若将 u_i 送入数字示波器的 X 轴，u_o 送入数字示波器的 Y 轴，则可利用数字示波器的 XY 显示模式观察到放大器的传输特性，并测出 V_{opp} 的大小。

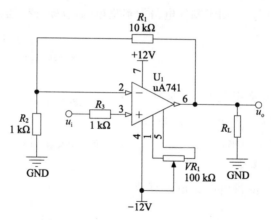

图 5.7.3　运算放大器传输特性测试电路

V_{opp} 与负载电阻 R_L 有关，对不同的 R_L，V_{opp} 亦不相同。根据已知的 R_L、V_{opp}，可求出集成运算放大器的输出电流的最大摆幅：

$$I_{opp} = \frac{V_{opp}}{R_L} \tag{5.7.1}$$

集成运算放大器的 V_{opp} 除与 R_L 有关以外，还与电源电压 V_{CC}、V_{EE} 和输入信号的频率有关。随着电源电压的降低和信号频率的升高，V_{opp} 将降低。

如果数字示波器 XY 显示模式显示出集成运算放大器的传输特性是正常的，即表明集成运算放大器是好的，可以进一步测试集成运算放大器的其他几项参数。

3．测试开环电压放大倍数 A_{VO}

开环电压放大倍数是指集成运算放大器没有反馈时的差模电压放大倍数，即输出电压 u_o 与差模输入电压 u_i 之比。因为开环电压增益 A_{VO} 通常很高，故要求输入电压很小（几百微伏），才能保证输入信号线性放大。但在小信号输入条件下测试时，易引入各种干扰，所以采用如图 5.7.4 所示的交、直流闭环测量的方法。R_f 为反馈电阻，通过隔直电容 C 和电阻 R 构成交流闭环工作状态，同时与 R_1、R_2 构成直流负反馈，减少了输出端的电压漂移。

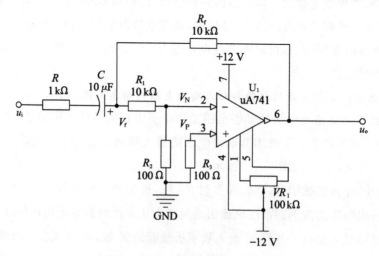

图 5.7.4　测开环电压放大倍数电路

由图 5.7.3 可知,

$$V_N = \frac{R_2}{R_1 + R_2} V_f \tag{5.7.2}$$

$$A_{VO} = \left| \frac{u_o}{V_P - V_N} \right| \approx \left| \frac{u_o}{V_N} \right| = \frac{R_1 + R_2}{R_2} \left| \frac{u_o}{V_f} \right| \tag{5.7.3}$$

只要测得 u_o、V_f,由上式就可以计算出 A_{VO}。增益通常用 dB(分贝)表示,即 $20\lg A_{VO}$。测量时,交流信号源的输出频率尽量选得低一些(小于 100 Hz),并用数字示波器监视输出波形。u_i 的幅度不能太大,一般取几十毫伏,以免输出进入饱和状态。

另外,由于图 5.7.4 电路对输入失调量的增益为 $1 + \frac{R_1 + R_f}{R_2}$,所以 u_o 中可能含有直流偏移。

A_{VO} 是频率的函数,频率高于某一数值后,A_{VO} 的数值开始下降。一般集成运算放大器的 A_{VO} 为 60~130 dB。

4. 测试输入失调电压 V_{IO}

输入失调电压的定义是:当集成运算放大器输出为零时,在输入端必须引入补偿电压。根据定义,其测试电路如图 5.7.5 所示。当 R_1 和 R_2、R_f 和 R_P 严格对称,且集成运算放大器两输入端到地的直流通路的等效电阻较小时(此处小于 100 Ω),该电路偏置电流的影响已被消除,失调电流的影响可忽略不计,输出电压主要取决于输入失调电压,此时测得输出直流电压 u_o,然后将其折算到输入,便是输入失调电压 V_{IO}。可由下式计算输入失调电压:

$$V_{IO} = \frac{R_1}{R_1 + R_f} u_o \tag{5.7.4}$$

输入失调电压主要是由输入级差分放大器三极管的特性不一致造成的。V_{IO} 一般为 $\pm(1 \sim 10 \text{ mV})$,其值越小越好。

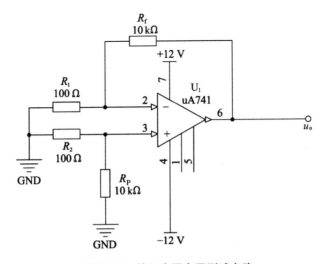

图 5.7.5 输入失调电压测试电路

5. 测试输入失调电流 I_{IO}

输入失调电流是指输出端为零电平时,两输入端基极电流的差值,用 I_{IO} 表示。由于信号源内阻的存在,I_{IO} 会引起一输入电压,使放大器输出端电压不为零,所以 I_{IO} 越小越好。当集成运算放大器输入端外接电阻较大时,I_{IO} 将明显增大。其测试电路如图 5.7.6 所示。电路需保证 R_1 和 R_2、R_f 和 R_3、R_{b1} 和 R_{b2} 严格对称,否则将影响测量精度。当开关 S 闭合时(实验中可以用导线的接通与否取代),测得此时的输出直流电压 u_{o1} 是 V_{IO} 作用的结果;而当开关 S 断开时,输出电压 u_{o2} 是由 V_{IO} 和 I_{IO} 共同作用的结果。输入失调电流 I_{IO} 可由下式计算:

$$I_{IO} = |u_{o2} - u_{o1}| \cdot \frac{R_1}{R_1 + R_f} \cdot \frac{1}{R_{b1}} \tag{5.7.5}$$

同样地,电路中电阻值的匹配程度将影响测量精度。

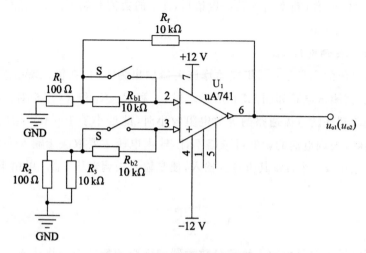

图 5.7.6　输入失调电流测试电路

6. 测试共模抑制比 K_{CMR}

根据定义,集成运算放大器的 K_{CMR} 等于差模电压放大倍数 A_{vd} 和共模电压放大倍数 A_{vc} 之比,即

$$K_{CMR} = \frac{A_{vd}}{A_{vc}} \text{ 或 } K_{CMR} = 20\lg\left|\frac{A_{vd}}{A_{vc}}\right| \text{ (dB)} \tag{5.7.6}$$

其测试电路见图 5.7.7。集成运算放大器工作在闭环状态,对差模信号的电压放大倍数 $A_{vd} = \frac{R_f}{R_1}$,对共模信号的电压放大倍数 $A_{vc} = \frac{u_o}{u_i}$,所以只要测出 u_i 和 u_o 的峰峰值 V_{ipp} 和 V_{opp},即可求出

$$K_{CMR} = 20\lg\left(\frac{R_f}{R_1} \times \frac{V_{ipp}}{V_{opp}}\right) \text{ (dB)} \tag{5.7.7}$$

为保证测量精度,必须使 R_1 和 R_2、R_f 和 R_3 严格对称,否则会造成较大的测量误差。集成运算放大器的共模抑制比越高,对电阻精度的要求也就越高。经计算,如果集成运算放大器的 $K_{CMR} = 80$ dB,允许误差为 5%,则电阻相对误差应小于等于 0.1%。

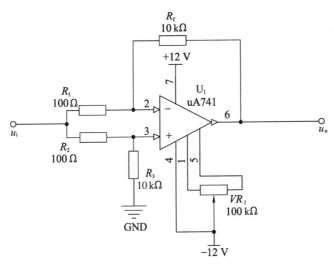

图 5.7.7　共模抑制比测试电路

实验内容与步骤

实验内容包含五部分,分别是测试集成运算放大器 uA741 的传输特性、开环电压放大倍数 A_{VO}、输入失调电压 V_{IO}、输入失调电流 I_{IO} 及共模抑制比 K_{CMR}。

本实验采用 Multisim 软件进行电路仿真和制作实际电路两种方式完成。

1. 测试集成运算放大器 uA741 的传输特性及输出电压的最大摆幅 V_{opp}

实验步骤如下:

① 按照图 5.7.3 连接电路,接通±12 V 电源。

② 从信号源送出频率为 100 Hz 的正弦信号,接到电路的输入端。同时将输入 u_i 送入数字示波器的 X 轴输入端(CH1),输出 u_o 送入数字示波器的 Y 轴输入端(CH2)。利用数字示波器的 XY 显示模式,观察集成运算放大器的传输特性。

③ 适当加大输入信号的幅值,传输特性曲线上出现上、下削波,则可在数字示波器上读出此时的输出电压的最大摆幅 V_{opp}。

④ 改变电阻的数值,记录不同 R_L 时的 V_{opp},根据式(5.7.1)求出集成运算放大器输出电流的最大摆幅 I_{opp},并填入表 5.7.1 中。

表 5.7.1　求集成运算放大器输出电流的最大摆幅

R_L	V_{opp}	I_{opp}
∞		
3 kΩ		
1 kΩ		
300 Ω		

2. 测试集成运算放大器 uA741 的开环电压放大倍数 A_{VO}

实验步骤如下：

① 按照图 5.7.4 在面包板上组装电路，安装电阻前先用数字式多用表测试电阻值并填入表 5.7.2 相应栏中。要特别注意集成运算放大器正、负电源的连接及电路的调零。

② 检查无误后接通电源。调整信号源，使之输出 5 Hz 的正弦波，并调节信号源输出幅度，使 u_i 的峰峰值为 30 mV，用数字示波器测得 u_i 和 u_o 的峰峰值，并填入表 5.7.2 中。（注意：数字示波器通道需采用交流耦合输入方式。）

③ 根据式(5.7.3)计算 A_{VO} 并填入表 5.7.2 中，再查阅 uA741 的数据手册，将手册所提供的参数填入表 5.7.2，以做比较。

表 5.7.2　开环电压放大倍数

运放型号	输入电压 V_{ipp}/mV	输出电压 V_{opp}/V	计算 A_{VO}	计算 A_{VO}/dB	手册 A_{VO}
实测电阻值	$R_1=$　　　　,$R_2=$	,$R_3=$	,$R_f=$	,$R=$	

3. 测试集成运算放大器 uA741 的输入失调电压 V_{IO}

实验步骤如下：

① 按照图 5.7.5 在面包板上组装电路，安装电阻前先用数字式多用表测试电阻值并填入表 5.7.3 相应栏中，要特别注意集成运算放大器正、负电源的连接。该电路无需电压调零。

② 检查无误后接通电源。用数字式多用表的直流电压挡（或示波器的直流耦合方式）测量电路的 V_o 值并填入表 5.7.3 相应栏中。

③ 根据式(5.7.4)计算 V_{IO} 并填入表 5.7.3 中，再查阅 uA741 的数据手册，将手册所提供的参数填入表 5.7.3，以做比较。

表 5.7.3　输入失调电压

集成运算放大器型号	实测 V_o/V	计算 V_{IO}/mV	手册 V_{IO}/mV
uA741			
实测电阻值	$R_1=$　　　,$R_2=$	,$R_f=$	,$R_P=$

4. 测试集成运算放大器 uA741 的输入失调电流 I_{IO}

实验步骤如下：

① 按照图 5.7.6 在面包板上组装电路，安装电阻前先用数字式多用表测试电阻值并填入表 5.7.4 相应栏中，要特别注意集成运算放大器正、负电源的连接。该电路无须电压调零。

② 检查无误后接通电源。闭合 S，用数字式多用表的直流电压挡（或示波器的直流耦合方式）测量电路的 u_{o1} 值并填入表 5.7.4 相应栏中；断开 S，测量电路的 u_{o2} 值并填入表 5.7.4 相应栏中。

③ 根据式(5.7.5)计算 I_{IO} 并填入表 5.7.4 中,再查阅 uA741 的数据手册,将手册所提供的参数填入表 5.7.4,以做比较。

表 5.7.4　输入失调电流

	S 闭合时 u_{o1}/V	S 断开时 u_{o2}/V	计算 I_{IO}/nA	手册 I_{IO}/nA
uA741				
实测电阻值	$R_1=$　　,$R_2=$　　,$R_3=$　　,$R_f=$　　,$R_{b1}=$ $R_{b2}=$			

5. 测试集成运算放大器 uA741 的共模抑制比 K_{CMR}

实验步骤如下:

① 按照图 5.7.7 在面包板上组装电路,安装电阻前先用数字式多用表测试电阻值并填入表 5.7.5 相应栏中,要特别注意集成运算放大器正、负电源的连接及电路的调零。

② 检查无误后接通电源。由信号源输出峰峰值为 5 V、频率为 40 Hz 的正弦信号,作为共模输入电压 u_{ic},分别用数字示波器的两个通道同时观测 u_{ic} 和 u_{oc},将信号的峰峰值 V_{ipp}、V_{opp} 填入表 5.7.5 中。(注意:测量时必须保证集成运算放大器工作在线性区,且无自激振荡现象。)

③ 根据式(5.7.7)计算并填入表 5.7.5 中,再查阅 uA741 的数据手册,将手册所提供的参数填入表 5.7.5,以做比较。

表 5.7.5　共模抑制比

	输入电压 V_{ipp}/mV	输出电压 V_{opp}/V	K_{CMR}	K_{CMR}/dB	手册 K_{CMR}/dB
uA741					
实测电阻值	$R_1=$　　,$R_2=$　　,$R_3=$　　,$R_f=$				

 实验报告

ⅰ. 整理实验数据,并将实验数据记录在实验报告中。

ⅱ. 将实验数据与理论值比较,并分析其误差来源。

思考题

ⅰ. 在测量 A_{VO} 和 K_{CMR} 时,输出端是否需要用数字示波器监视?

ⅱ. 在测量 A_{VO} 时,为什么选择的输入信号频率很低?

5.8 实验八 集成运算放大器的线性运用

实验目的

- 加深理解集成运算放大器的特点和性质。
- 以通用集成运算放大器 uA741 为例,学习集成运算放大器的基本使用方法。
- 学习运用集成运算放大器组成反相比例、同相比例、加法器、减法器、积分器等基本运算放大电路,并对其运算结果进行测试。
- 熟练地掌握数字式多用表的使用方法,进一步巩固使用直流稳压电源和示波器。

实验预习

- 复习由集成运算放大器组成的同相与反相比例运算、加法器、减法器、积分器等运算放大电路基本理论。
- 试将实验中各种运算电路按理论计算出的值填入相应的表格中,以便与测量值进行比照。

实验器材

数字示波器、函数信号发生器、直流稳压电源、数字式多用表、通用集成运算放大器 uA741、电阻若干、电容若干、用于制作电路的实验箱(面包板)或万能板。

实验原理

集成运算放大器是一种高电压增益、高输入电阻和低输出电阻的多级直接耦合放大电路。它具有体积小、可靠性高、通用性强等优点,因而在控制和测量技术中得到了广泛的应用。例如,利用它可以方便地完成比例放大及加、减、积分和微分等数学运算,还可以用来做成多种类型的函数信号发生器等。

集成运算放大器的线性运用是指运算放大器工作在线性区,此时输出电压 u_o 与输入电压 u_i 之间为线性关系。线性运用时,一定要将反馈网络接到反相输入端,以形成深度负反馈。

为了防止集成运算放大器在工作中损坏,可在输入端、输出端和电源电路中加保护。

1. 反相比例运算

集成运算放大器 uA741 的引脚排列见 5.7 节的图 5.7.1。反相比例运算电路如图 5.8.1

所示。图中$R_3＝R_1 /\!/ R_2$，输出电压与输入电压的关系为

$$u_o＝-\frac{R_2}{R_1}u_i \tag{5.8.1}$$

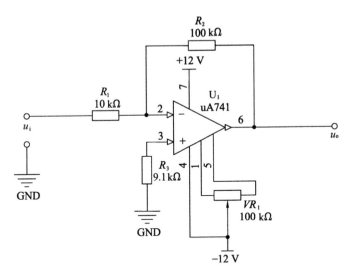

图 5.8.1　反相比例运算电路

2. 同相比例运算

同相比例运算电路如图 5.8.2 所示。图中 $R_2＝R_1 /\!/ R_3$，输出电压与输入电压的关系为

$$u_o＝\left(1+\frac{R_3}{R_1}\right)u_i \tag{5.8.2}$$

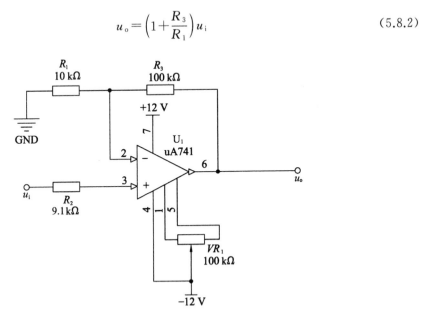

图 5.8.2　同相比例运算电路

3. 反相加法运算

反相加法运算电路如图 5.8.3 所示。图中 $R_3＝R_1 /\!/ R_2 /\!/ R_4$，输出电压与输入电压的

关系为

$$u_o = -\left(\frac{R_4}{R_1}u_{i1} + \frac{R_4}{R_2}u_{i2}\right) \tag{5.8.3}$$

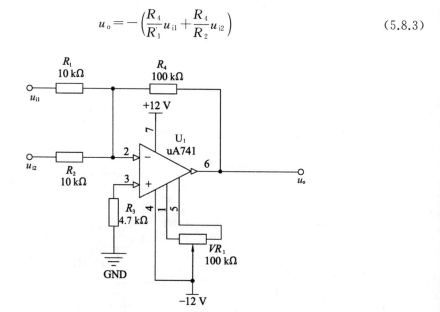

图 5.8.3　反相加法运算电路

4. 减法运算

减法运算电路如图 5.8.4 所示。图中 $R_1 = R_2$，$R_4 = R_3$ 时，输出电压与输入电压的关系为

$$u_o = \frac{R_4}{R_1}(u_{i2} - u_{i1}) \tag{5.8.4}$$

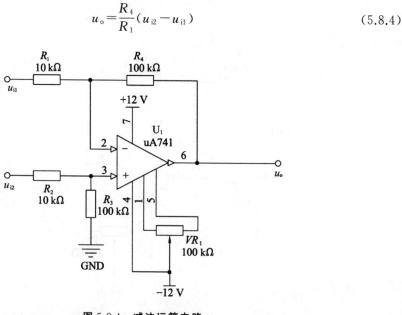

图 5.8.4　减法运算电路

5. 同相加法运算

同相加法运算电路如图 5.8.5 所示。输出电压与输入电压的关系为

$$u_{\circ} = \left(1 + \frac{R_4}{R_1}\right)(K_1 u_{i1} + K_2 u_{i2}) \qquad (5.8.5)$$

式中,$K_1 = \dfrac{R_3}{R_2 + R_3}$,$K_2 = \dfrac{R_2}{R_2 + R_3}$,$R_1 = R_2$,$R_3 = R_4$。

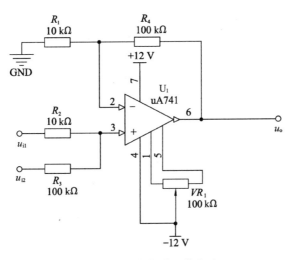

图 5.8.5　**同相加法运算电路**

6. 近似积分电路

近似积分电路如图 5.8.6 所示。积分器可以对周期性连续变化的电压波形进行积分,从而起到波形变换作用。本实验中将方波转换成三角波。R_2 起放电作用,防止积分器永远保持在某一饱和状态。在理想条件下,输出电压与输入电压的关系为

$$u_{\circ}(t) = -\frac{1}{R_1 C}\int u_i \mathrm{d}t + u_{\circ}(0) \qquad (5.8.6)$$

式中,$R_1 C$ 为积分时间常数,$u_{\circ}(0)$ 为输出电压的初始值。

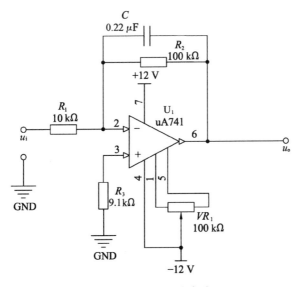

图 5.8.6　**近似积分电路**

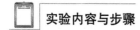 **实验内容与步骤**

实验内容包含三个部分,分别是研究电压跟随器的作用、测试反相加法运算电路和测试近似积分电路。

本实验采用 Multisim 软件进行电路仿真和制作实际电路两种方式完成。

1. 研究电压跟随器的作用

测试图 5.8.7 所示两种电路的电压幅值,观察有、无电压跟随器的差别。

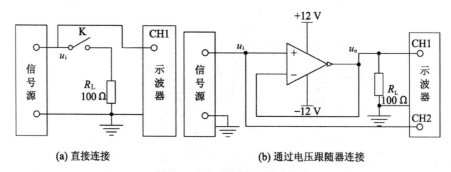

(a) 直接连接   (b) 通过电压跟随器连接

图 5.8.7 信号源与负载的连接

实验步骤如下:

① 按照图 5.8.7(a)连接电路。

② 从信号源送出峰峰值为 1 V、频率为 1 kHz 的正弦信号。不接负载 R_L(K 断开)时,用数字示波器观测 u_i 波形并填入表 5.8.1 中;接入负载 R_L(K 闭合)时,用示波器观测 u_i 波形并填入表 5.8.1 中。

③ 按照图 5.8.7(b)所示连接电路,要特别注意集成运算放大器正、负电源的连接及电路的调零。

④ 仍从信号源送出峰峰值为 1 V、频率为 1 kHz 的正弦信号,用数字示波器两个通道同时观察输入/输出波形,分别测量未接入负载 R_L 和接入负载 R_L 两种情况下 u_i 和 u_o 的大小并填入表 5.8.1 中。

⑤ 计算信号源的内阻 R_S,说明 100 Ω 负载电阻连接到信号源上产生的负载效应,并解释观察到的实验现象。

表 5.8.1 研究电压跟随器的作用测量数据

电路类型	不接 R_L		接入 R_L		计算 R_S
	V_{ipp}/V	V_{opp}/V	V_{ipp}/V	V_{opp}/V	
无电压跟随器					
有电压跟随器					

2．测试反相加法运算电路

测试图 5.8.3 所示的反相加法运算电路的输入/输出电压，验证它们的运算关系。

实验步骤如下：

① 按照图 5.8.3 在面包板上组装电路，要特别注意集成运算放大器正、负电源的连接及电路的调零。

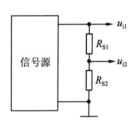

图 5.8.8　分压电路

② 按照图 5.8.8 连接分压电路，其中 $R_{S1} = R_{S2} = 1 \text{ k}\Omega$。将 u_{i1} 和 u_{i2} 连至图 5.8.3 对应输入端。

③ 检查无误后接通电源。从信号源送出峰峰值为 300 mV、频率为 1 kHz 的正弦信号。用示波器测得 u_{i1}、u_{i2} 和 u_o，填入表 5.8.2 中，并记录它们的波形。

④ 关闭电源，将 R_{S2} 改为 500 Ω，检查无误后接通电源，再次用示波器测得 u_{i1}、u_{i2} 和 u_o，填入表 5.8.2 中。

表 5.8.2　测试反相加法运算电路测量数据

分压电路	实测值			理论值	相对误差
	V_{i1pp}/mV	V_{i2pp}/mV	V_{opp}/V	V_{opp}/V	
$R_{S2} = 1 \text{ k}\Omega$					
$R_{S2} = 500 \text{ }\Omega$					
实测电阻值	$R_1 =$	$,R_2 =$	$,R_3 =$	$,R_4 =$	

3．测试近似积分电路

测试图 5.8.6 所示的近似积分电路的输入/输出波形。

实验步骤如下：

① 按照图 5.8.6 所示在面包板上组装电路，要特别注意集成运算放大器正、负电源的连接及电路的调零。

② 检查无误后接通电源。从信号源送出峰峰值为 1 V、频率为 200 Hz 的方波信号 u_i，用数字示波器两个通道同时观测 u_i 和 u_o，并定量画出它们的波形（需要含有坐标轴，波形上下对齐）。

表 5.8.3　积分电路相关波形

u_i	
u_o	

实验报告

ⅰ. 整理实验数据,并将实验数据记录在实验报告中。

ⅱ. 将实验数据与理论值进行比较,并计算其误差。

ⅲ. 描绘实验内容中要求的电路信号的输入/输出波形。

ⅳ. 谈谈本次实验在电子仪器使用方面的收获和体会,记录实验过程中出现的故障,分析原因并说明解决办法。

思考题

ⅰ. 对于图 5.8.8 所示的分压电路,应如何考虑分压电阻阻值的选取?

ⅱ. 对于图 5.8.6 所示的电路参数,若三角波的幅度 $V_m = 1$ V,$t_1 = t_2 = 5$ ms(三角波的频率 $f = 100$ Hz),试计算方波的幅度、可选的电阻、电容参数,并用实验验证计算结果。

5.9 实验九 电压比较器

 实验目的

• 以通用集成运算放大器 LM324 为例,学习集成运算放大器工作在非线性区的特点和性质。

• 掌握过零比较器、任意电压比较器、滞回比较器的工作原理。

• 进一步巩固数字示波器的使用方法。

 实验预习

• 复习有关运算放大器在信号处理方面应用的章节。

• 阅读实验教材,熟悉本实验的目的、内容、步骤和注意事项。

• 根据电路原理图给出的参数,定性画出各比较器的波形图。

 实验器材

数字示波器、函数信号发生器、直流稳压电源、数字式多用表、集成运算放大器 LM324、电阻若干、电容若干、用于制作电路的实验箱(面包板)或万能板。

实验原理

电压比较器可用来测定输入信号电压是大于参考电压还是小于参考电压,并输出逻辑电平。它是测量电路、自动控制系统、信号处理和波形发生等电路常用的基本单元。

电压比较器可以由运算放大器组成,市场上也有专用的电压比较器成品。用来构成比较器电路的集成运算放大器此时工作于开环状态或正反馈状态,即使输入端有一个极小的输入电压,也会使输出电压饱和。因此,用作电压比较器时,集成运算放大器工作在非线性的饱和区。

常用的专用电压比较器有 LM339、LM393、LM311 等。这些电压比较器的输出管脚为集电极开路输出,使用时应接上拉电阻。

本实验使用通用集成运算放大器 LM324。图 5.9.1 为 LM324 的引脚排列,集成运算放大器可以双电源供电,也可以单电源供电。为了防止集成运算放大器在工作中损坏,可在输入端、输出端和电源电路中加保护。

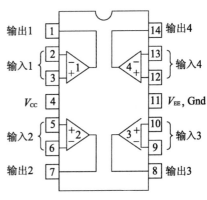

图 5.9.1　LM324 **的引脚排列**

1. 过零比较器

过零比较器实验电路如图 5.9.2 所示。信号 u_i 从反相输入端加入,同相输入端接地(如信号 u_i 从同相输入端加入,反相输入端接地,输出电压相位相反)。R_3 是限流电阻,2DW231(6V)型稳压管接于输出端,起输出限幅作用,正向输出与负向输出信号幅值基本相同。

当 $u_i > 0$ 时,$u_o \approx -V_Z = -6$ V;当 $u_i < 0$ 时,$u_o \approx +V_Z = 6$ V。式中,V_Z 是稳压管的稳定电压值,$u_i = 0$ 处是电路状态转换点。

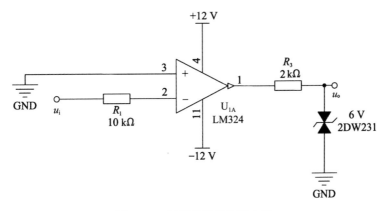

图 5.9.2　**过零比较器实验电路**

2. 任意电压比较器

任意电压比较器实验电路如图 5.9.3 所示。V_r 为参考电压,u_i 是输入电压。

当 $u_i > V_r$ 时, $u_o \approx -V_Z = -6$ V；当 $u_i < V_r$ 时, $u_o \approx +V_Z = 6$ V。

式中, V_Z 是稳压管的稳定电压值, $u_i = V_r$ 是电路状态转换点。

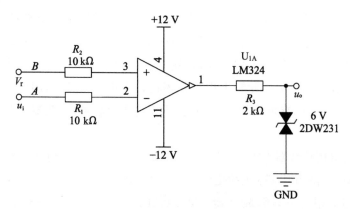

图 5.9.3　任意电压比较器实验电路

3. 滞回比较器

上述开环比较器的缺点是抗干扰能力差。因为集成运算放大器的开环放大倍数很大,如果输入电压 u_i 在转换点附近有微小的波动,则输出电压 u_o 将会在正、负输出值之间跳变,即如果有干扰信号输入,比较器将会误翻转。解决的办法是引入正反馈构成滞回比较器。

滞回比较器实验电路如图 5.9.4 所示。由图可得出电路的状态转换点即上、下门限电压为

$$V_{r+} = \frac{R_2}{R_3 + R_2} V_Z, \quad V_{r-} = -\frac{R_2}{R_3 + R_2} V_Z, \quad \Delta V_r = V_{r+} - V_{r-} = 2\frac{R_2}{R_3 + R_2} V_Z$$

当 $u_i > V_{r+}$ 时, $u_o \approx -V_Z = -6$ V；当 $u_i < V_{r-}$ 时, $u_o \approx +V_Z = 6$ V。

式中, V_r 为参考电压, V_Z 是稳压管的稳定电压值。

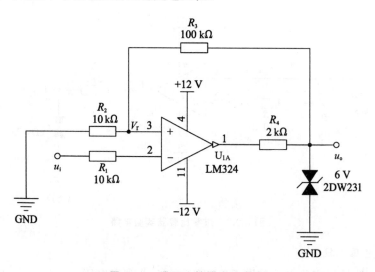

图 5.9.4　滞回比较器实验电路

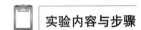
实验内容与步骤

实验内容包含三部分,分别是对过零比较器、任意电压比较器和滞回比较器进行测试。

本实验采用 Multisim 软件进行电路仿真和制作实际电路两种方式完成。

1. 测试过零比较器

实验步骤如下:

① 按图 5.9.2 接好实验电路,检查无误。

② 调节稳压电源,使之输出 ±12 V,分别作为集成运算放大器的正负电源,加至实验电路板的正负电源端,注意电源极性不要接反。

③ 先调节信号发生器,输出有效值为 400 mV、频率为 500 Hz 的正弦信号 u_i,然后将 u_i 加至比较器的输入端。

④ 用数字示波器观察 u_o 对应 u_i 的波形,测量 u_o 的幅值和周期,记录在表 5.9.1 中。按比例将波形描绘在表 5.9.2 中。

表 5.9.1　电路输入/输出信号的幅值和周期

	峰峰值 V_{pp}	周期 T
u_i		
u_o		

表 5.9.2　电路的输入/输出波形

u_i	
u_o	

⑤ 改变 u_i 的幅值,观察 u_o 的波形是否变化。

2. 测试任意电压比较器

实验步骤如下:

① 按图 5.9.3 接好实验电路,检查无误。

② 调节稳压电源,使之输出 ±12 V,分别作为集成运算放大器的正负电源,加至实验电路板的正负电源端,注意电源极性不要接反。

③ 先调节信号发生器,输出有效值为 1 V、频率为 500 Hz 的正弦信号 u_i,然后将 u_i 加至 A 与地之间,再使 $V_r = 0.5$ V(V_r 可由电阻分压电路提供),加至 B 与地之间。

④ 用数字示波器观察 u_o 对应 u_i 的波形,测量 u_o 幅值和周期及高低电平持续时间

T_1、T_2，将数据记录到表 5.9.3 中。按比例将波形描绘在表 5.9.4 中。

表 5.9.3　电路输入/输出信号的幅值和周期

	峰峰值 V_{pp}	周期 T	T_1（高电平）	T_2（低电平）
u_i			—	—
u_o				

表 5.9.4　电路的输入/输出波形

u_i	
u_o	

⑤ 改变 u_i 的幅值，观察 u_o 的波形是否变化。

3. 测试滞回比较器

实验步骤如下：

① 按图 5.9.4 接好实验电路，检查无误。

② 调节稳压电源，使之输出 ±12 V，分别作为集成运算放大器的正负电源，加至实验电路板的正负电源端，注意电源极性不要接反。

③ 先调节信号发生器，输出有效值为 1 V、频率为 500 Hz 的正弦信号 u_i，然后将 u_i 加至比较器的输入端。

④ 用数字示波器观察 u_o 对应 u_i 的波形，测量 u_o 的幅值和周期及高低电平持续时间 T_1、T_2，并测量回差 ΔV_r，将数据记录到表 5.9.5 中，按比例将波形描绘在表 5.9.6 中。

表 5.9.5　电路输入/输出信号的幅值和周期

	峰峰值 V_{pp}	周期 T	T_1（高电平）	T_2（低电平）
u_i			—	—
u_o				
回差 ΔV_r				

表 5.9.6　电路的输入/输出波形

u_i	
u_o	

实验报告

ⅰ. 整理实验数据,将数据记录在实验报告中。

ⅱ. 在实验报告里用坐标纸画出各电路 u_o 及对应 u_i 的波形,标出波形的幅值和周期。

ⅲ. 分析电路状态转换点的实际值和理论值是否一致。

ⅳ. 谈谈本次实验在电子仪器使用方面的收获和体会,记录实验过程中出现的故障,分析原因并说明解决办法。

 思考题

ⅰ. 简述图 5.9.3 所示电路在给定参数条件下,输入信号 u_i 要有足够大的幅值,才能使 u_o 状态发生改变的原因。

ⅱ. 如何用数字示波器观测滞回比较器中 u_i 和 u_o 之间的电压传输特性曲线。

5.10　实验十　555 声控开关

 实验目的

• 制作一个利用声传感器控制的电路。

• 通过电路制作来了解驻极体话筒、NE555 定时器芯片、继电器、发光二极管、蜂鸣器等元器件的功能及应用。

• 从电路布局、焊接到装配,直到最后的调试完成,形成实物,学习有关电子器件的制作工艺。

• 学习如何运用学到的电子学知识来分析和解决调试中的问题。

实验预习

• 阅读实验教材,弄清楚实验原理,使用 Multisim 软件对电路进行仿真,准备好电路图。

• 列出电路元器件清单,写全型号规格和数量。

• 对电路元器件进行布局,并绘制电路的布局图。

 实验器材

数字示波器、函数信号发生器、直流稳压电源、数字式多用表、元件包。

![实验原理标志] **实验原理**

本实验电路的功能为：用户击掌，指示灯点亮，并且蜂鸣器发声；当击掌持续时，指示灯和蜂鸣器保持点亮和发声状态；当击掌停止后，指示灯灭，蜂鸣器发声停止。

声控开关电路如图 5.10.1 所示，用驻极体话筒 MK_1 作为声传感器，Q_1、Q_2 的基极输入端都使用电容耦合。

初始状态下 Q_1 工作在放大状态，Q_2 工作在截止状态，电容 C_3 并联在 Q_2 的集电极与地之间，V_{CC} 通过电阻 R_4 对电容 C_3 充电，直到 V_{CC}。Q_2 的集电极输出同时接到 NE555 的 TRIG 端和 THRES 端。通过查阅 NE555 数据手册可知，NE555 的 TRIG 端是低电平置位端，NE555 的 THRES 端是高电平复位端，所以此时 NE555 的 OUT 端输出为低电平。Q_3 处于截止状态，无法控制继电器的开关闭合以驱动蜂鸣器和发光二极管工作。

当驻极体话筒 MK_1 接收到击掌信号时，能将声音信号转换为几十毫伏的微弱电脉动信号，该信号经 C_1 耦合到 Q_1 的基极。R_1 是电源向话筒供电的限流电阻，R_2 是 Q_1 的偏置电阻，调节 R_2，可控制 Q_1 的基极电流，从而控制声控电路的灵敏度。电信号经过 Q_1、Q_2 之后，极性保持不变，由 Q_2 集电极输出，当输出为低电平时，电容 C_3 通过 Q_2 进行放电，此时 NE555 的 TRIG 端输入为低电平，NE555 的 OUT 端输出为高电平，Q_3 处于饱和导通状态，控制继电器的开关闭合，驱动蜂鸣器和发光二极管工作。

当击掌信号停止时，Q_1、Q_2 不再收到动态的脉动信号，Q_2 工作在截止状态，V_{CC} 通过电阻 R_4 对电容 C_3 充电，NE555 的 THRES 端的电压随着电容 C_3 的充电升高，当达到 $\frac{2}{3}V_{CC}$ 时，NE555 的 OUT 端输出为低电平，Q_3 处于截止状态，继电器断开，蜂鸣器和发光二极管停止工作。

只要击掌间隔时间大致保持在一个时间常数 τ 内，蜂鸣器和发光二极管可以持续工作。时间常数 τ 可以通过电阻 R_4 与电容 C_3 相乘获得。

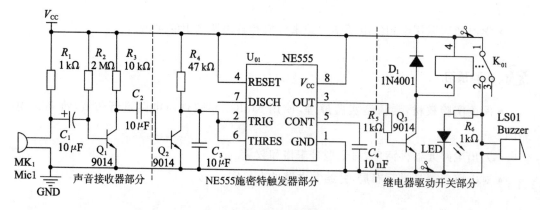

图 5.10.1 声控开关电路

以上电路可以分为三个部分：声音接收器部分、NE555 施密特触发器部分和继电器驱动开关部分。

声控开关电路的第一级是声音接收器部分电路。电路的声传感器选择使用了驻极体话筒，它通常用于对音质要求不高的场合或产品中，如会议、录音笔、摄像机、手机或一些声控电路当中。驻极体话筒由声电转换系统和场效应管两部分组成，场效应管起预放大作用，因此驻极体麦克风在正常工作时需要一定的偏置电压，这个偏置电压一般情况下不大于 10 V。话筒的输出信号幅度比较小，只有 20～30 mV，需要后面进一步对信号放大，才能进行后续操作，图 5.10.1 中接了 BJT 共射极放大电路对信号进行进一步放大。由于在该电路中声音是作为开关使用的，只需要判断有无声音，所以只采用了一级放大，设计者可根据实际需要对话筒的输出信号进行一级或多级放大。

声控开关电路的第二级是 NE555 施密特触发器部分电路。NE555 是一款功能强大、应用广泛的芯片，外围只需接几个简单的电阻、电容就可以实现不同的应用，如实现不同频率的脉冲信号产生器、双稳态电路（施密特触发器）、单稳态电路等。图 5.10.1 中用NE555 搭建的施密特触发器电路可以用其他施密特触发器芯片代替。在这里使用NE555 的原因是用它可以很容易实现对电路的修改，将电路改造为一个报警电路。对这个问题，同学们可课后思考。

声控开关电路的第三级是继电器驱动开关部分电路。继电器的开关主要受电流控制，需要的电流通常较大，所以一般芯片引脚的输出不足以驱动继电器工作，需要接一个电子开关电路来加以控制。图 5.10.1 电路中的继电器接在三极管 9014 的集电极和电源 V_{cc} 之间，当 NE555 输出为高电平时，三极管 9014 工作在饱和导通状态，继电器常开开关闭合，蜂鸣器和发光二极管工作；当 NE555 输出由高电平变为低电平时，三极管 9014 工作在截止状态，继电器常开开关断开，蜂鸣器和发光二极管停止工作。由于继电器通过线圈产生的电磁感应来完成开关的动作，当三极管从饱和导通变为截止状态时，流过继电器的电流不能突变，线圈会感应出一个反向电动势，会使得三极管的集电极端的电压突然升高，三极管的集电结可能被击穿，造成三极管的损坏。所以，可以看到电路中继电器并联了一个二极管，这个二极管被称为续流二极管，当存在反向电动势使得集电极电压为高时，通过续流二极管进行泄流，以保护三极管不被损坏。

注意到图 5.10.1 中的继电器驱动开关部分电路中有两把剪刀（✂），代表这两处的导线可以被剪断。如果电路在这两处被剪断，则蜂鸣器和发光二极管电路与前一级控制电路在电气上是隔离的。用小功率的控制电路去控制大功率的设备工作，是电子开关常见的设计方式。

🗒 实验内容

实验内容如下：

① 用数字式多用表测量并记录元件包中电阻和电容；检查二极管、三极管的性能；检

查继电器是否工作正常。

② 在面包板上插接元器件,搭接完成后要反复仔细检查。

③ 把电压调到 5 V,接通电路电源。

④ 调试电路,观察实验现象。

 电路调试

在调试电路的过程中,可以将整个电路分成几个部分,先调试各部分电路的功能是否正常,再进行联调。

① 把继电器常开触点(1 和 2 之间)短路,检查发光二极管、蜂鸣器工作是否正常。若电路工作正常,则发光二极管应该点亮,蜂鸣器应该发声。

② 把 Q_3 的集电极和发射极短路,检查继电器工作是否正常。若电路工作正常,则继电器的常开开关应该吸合,发光二极管应该点亮,蜂鸣器应该发声。

③ 把 Q_2 的集电极和发射极短路,检查 NE555 施密特触发器部分电路是否工作正常。若电路工作正常,则继电器的常开开关应该吸合,发光二极管应该点亮,蜂鸣器应该发声。

④ 检查 Q_1 的集电极电压,以观察放大级是否工作在放大区。如果集电极电压很低,说明 Q_1 接近饱和区,应增大 R_2;反之,如果灵敏度不够,应减小 R_2。

⑤ 驻极体话筒的外壳应接电源负极。

⑥ 用掌声来检查整体电路工作情况。

⑦ 若电路工作正常,不要拆掉面包板上的元器件,准备在万能板上制作手工焊接电路。手工焊接电路的方法和注意事项见本书第 6 章。

实验报告

ⅰ. 给出实验电路的功能需求。

ⅱ. 介绍实验电路的工作原理,并给出电路原理图、电路装配图。

ⅲ. 给出各部分电路中的关键器件如管脚上的电压,以及各部分电路的输入/输出波形。

ⅳ. 详细记录整个电路制作、调试过程中出现的现象,分析其原因,提出解决办法。

ⅴ. 实验后进行经验总结,谈谈自己在实验过程中的体会。

第 6 章

收音机的安装实训

本章对 B123 型调幅收音机的原理及制作过程做一个全面的介绍。学生通过收音机的安装实训，提升电子电路的实际操作能力。

6.1　目的及要求

6.1.1　实训目的

学生通过对调幅收音机的焊接、调试、组装过程，了解不同类型的电子元器件及识别方法，训练电路板的焊接能力，提升调试电路的水平及查找问题的能力，以及一些简单电子设备的整机安装方法。

6.1.2　实训要求

经过实训，要求学生具有以下能力。

● 认识各电子元器件及其电子符号，学会元件参数的识别方法，并能用多用表测量电阻、电容、二极管、三极管的主要参数及判断元器件的好坏。

● 通过对原理图的分析，能理解调幅收音机的工作原理，能讲述各电路各模块的功能。

● 可以根据线路图及器件清单自主完成电路板焊接，做到不错焊、不虚焊、不漏焊、不短路。

● 能够根据电路图，利用多用表、示波器等设备排除电路故障。

● 掌握收音机的机械装配，保证各个部件能正确地安装。

6.2　调幅收音机的工作原理

6.2.1　B123 调幅收音机的技术指标

B123 收音机为中波调幅便携式半导体收音机,其技术指标如下:

- 频率范围:不小于 525～1 605 kHz。
- 中频频率:465 kHz。
- 灵敏度:≤2 mV/m(S/N:20 dB)。
- 扬声器:ϕ66 mm,8 Ω。
- 输出功率:180 mW。
- 电源:3 V(2 节 2 号电池)。

6.2.2　B123 调幅收音机的整体框图

图 6.2.1 为调幅收音机的整体框图。天线接收到的高频调幅信号与收音机产生的本振信号通过混频电路将不同频率的高频调幅信号统一变换成 465 kHz 的中频调幅信号。该中频调幅信号通过两级中频放大后,由检波器检出音频信号,再由前置低频放大器将信号放大,最后通过功率放大器来推动扬声器发声。

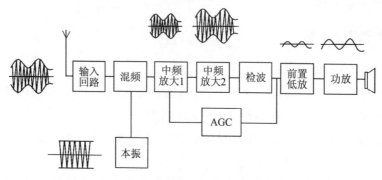

图 6.2.1　**调幅收音机的整体框图**

6.2.3　供电电路

B123 调幅收音机的供电电路如图 6.2.2 所示。B123 调幅收音机的供电电压为 3 V,由两节 1.5 V 的干电池串联而成。电源开关是和音量电位器集成在一起的,当音量调到最低时,继续旋转调节旋钮可以关闭电源。收音机功率放大部分的电源由该 3 V 电源直接提供。混频和中频放大部分的供电电压为 1.4 V,由两个硅二极管正向串联实现稳压。中频部分使用 1.4 V 的供电而不直接使用 3 V 供电,是为了在电池电压下降的情况下,也能保证变频及中频电源保持稳定,从而保证收音机的灵敏度不受影响。

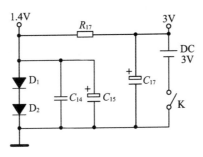

图 6.2.2　收音机供电电路

6.2.4　混频电路

该收音机接收的是 $525\sim1\,605$ kHz 的调幅信号,一般放大电路对不同频率信号的增益会不同,若直接将接收到的调幅信号送至放大器,则会因为各电台的信号频率不同而导致放大器增益不一致,从而使收听不同电台时的声音响度不一样。为了解决这个问题,该调幅收音机将不同的高频调幅信号都搬移到固定的 465 kHz 载波频率上。这样,即使输入信号频率不同,但经过放大器的信号的载波频率都是一致的。

图 6.2.3 为收音机的混频电路。本电路用一个三极管完成了震荡及混频的工作。C_A、C_{1A} 和 L_1 构成的谐振回路用于接收无线电信号,双联电容 C_A 可以调节回路谐振频率点,从而接收不同的电台信号。接收到的信号通过互感线圈 L_1 和 L_2 耦合到变频管 V_1 的基极。C_B、C_{1B} 和 L_4 组成振荡回路,用于产生本振信号,该信号通过 C_3 耦合到 V_1 的发射极。R_1、R_2 为变频管提供偏置电压,为 V_1 建立直流工作点。接收到的信号与本振产生的信号在混频后会产生多种频率信号。若选频回路的谐振频率为 f_s,本振频率为 f_0,则经过混频管后的信号会包含直流分量、f_0、f_s、f_0-f_s、f_0+f_s、$2f_0$、$2f_s$ 等混合信号。电路中使用了双联电容,用户在调台的时候,图中双联电容 C_A 和 C_B 同时变化,使得本振回路的谐振频率和信号接收回路的谐振频率的差值是固定的 465 kHz。而紧接其后的 T_2 是谐振于 465 kHz 的中频变压器,因此只有差频信号 f_0-f_s 会传送至后级电路,其余信号都被抑制掉。

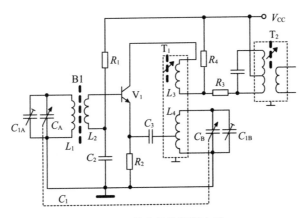

图 6.2.3　收音机的混频电路

为了保证变频管工作的稳定性,并有足够大的增益和较高的信噪比,一般将 V_1 的工作电流 I_c 选在 $0.18\sim0.3$ mA 的范围内。电流增大, V_1 增益反而下降,电流偏大,则噪声也大。在图 6.2.4 中可以看出变频管增益 K_P、噪声系数 N_1 与晶体管工作电流的关系。

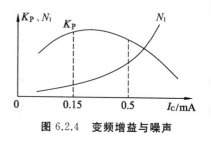

图 6.2.4　变频增益与噪声

6.2.5　中频放大电路

中频放大器是调幅收音机的一个重要组成部分,它的好坏直接影响到收音机的性能,如灵敏度、选择性、失真和自动增益控制等指标。中频放大器的工作频率为 465 kHz,由于它的工作频率较低,所以它的增益可以做得很高而不产生自激振荡,从而可以大大提高整机灵敏度。B123 调幅收音机使用二级中放电路,每一级中放的增益为 $25\sim35$ dB。中放部分采用并联 LC 谐振回路,发生谐振时特性阻抗很大,回路两端电压最高,耗损最小。图 6.2.5 为中频放大电路,在第一级中放电路中,来自变频器的 465 kHz 中频信号,输入由 L_1、C_{L1} 组成的谐振回路,通过互感器 L_2 送至 V_2 基极进行放大。C_{L1} 和 L_1 均为中周的组成部分,其谐振频率为 465 kHz。用户可以通过调节中周的磁芯来改变电感 L_1,从而微调其谐振频率。电阻 R_5、R_6 为 V_2 提供直流偏置,C_4 和 C_5 为交流旁路电容。第二级中放电路原理与第一级中放电路原理相同。

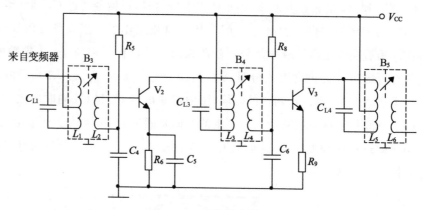

图 6.2.5　中频放大电路

6.2.6　自动增益控制(AGC)电路和检波电路

为了保持收音机收听音量的稳定,AGC 电路是半导体收音机不可缺少的部分。因为收音机音量的大小,除了和收音机的放大倍数有关外,还和收音机的位置及周围环境有关,这直接影响天线接收到的信号强弱。若没有 AGC 电路,则当天线接收到的信号大时,最终送给扬声器的信号就大,声音也会响亮;反之,声音就显得微弱。因此,要使收音机对外来的大小信号都能同样很好地接收而不影响输出音量,那就要求当天线接收到的信号强度变化时,扬声器接收到的信号也保持稳定。要实现这种功能,就必须加入自动增益控制电路。在晶体管收音机中,一般利用检波器输出的直流成分加到被控晶体管基极,来控制晶体管的基极偏流,改变中频放大器的增益的大小,从而达到实现自动增益控制的目的。在图 6.2.6 中,AGC 电阻 R_7 接到检波输出中周 B_5 的反向信号端,其中高频信号经由 C_7 滤除,低频信号通过 R_7 加到 V_2 基极进行 AGC 控制。当信号增大时,V_2 基极电位降低,I_{c2} 集电极电流减小,增益减小;反之,则增益增大,从而达到自动控制增益的作用。

本电路将三极管 V_4 的一个 PN 结作为检波二极管使用,当然这里也可以用高频二极管来替代。R_{10}、C_8、C_9 组成检波负载,起滤波作用。检波后的音频信号送至音量电位器调节输出大小。该信号还包含了直流分量,通过耦合电容 C_{10} 隔去直流分量后送至下级前置放大器。

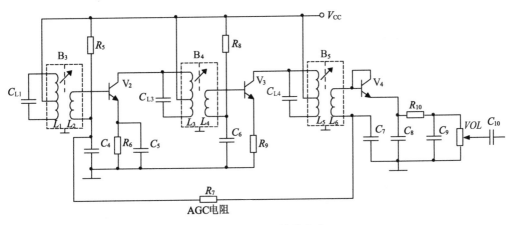

图 6.2.6   AGC 和检波电路

6.2.7   前置低频放大电路

由检波级输出的音频信号幅度很小,需要经过前置低频放大电路将信号放大后才能去推动末级功放,其输出只要满足末级功放的输入要求即可。在图 6.2.7 中,VOL 是音量控制电位器,对检波后的音频信号起了分压的作用。调节时,电位器的活动端的电压会变化,从而达到调节音量的目的。C_{10} 为信号耦合电容,它可以隔断检波输出信号的直流成分,避免影响 V_5 晶体管的静态工作点,R_{11} 为 V_5 的直流偏置电阻,R_{12} 为发射级反馈电阻,R_{13} 为集电极负载。C_{11} 为信号耦合电容,隔断前后级的直流分量。后一级中 R_{14} 为 V_6 的偏置电阻,设置 V_6 的静态工作点。V_5 为电压放大,而 V_6 为信号驱动,便于以较大的能量驱动输入变压器,B_6 为 V_6 的集电极耦合变压器,也是 V_6 的负载。变压器的上下两个输出端相对于中心抽头的电压大小相同,但极性相反。

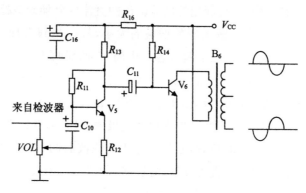

图 6.2.7　前置低频放大电路

6.2.8　功率放大电路

　　前置放大器虽然可以把输出电压放大到一个较大的范围,但是因为输出电阻较大,所以其带负载能力比较弱。若直接驱动负载,则当负载电流增大时,输出电压会急剧下降。因此这里需要使用功率放大器。

　　本收音机采用的是推挽功率放大器,功率放大电路如图 6.2.8 所示。推挽功率放大器不仅效率高,而且输出功率大。电路中,晶体管工作在乙类状态,即两只晶体管在无信号时处于截止状态,在有信号时晶体管 V_7、V_8 轮流工作。输入变压器 B_6 起到阻抗匹配的作用,同时保证上下两个输出端的信号幅度相同、相位相反。因而在信号正半周时,V_7 基极为正电压,V_7 工作,V_8 基极为负电压而截止;在信号负半周时,情况则刚好相反。这样,在信号的一个周期中 V_7、V_8 轮流导

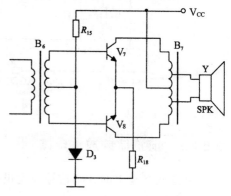

图 6.2.8　功率放大电路

通和截止,这种工作方式被称为推挽式放大。放大后的两个半波再由输出变压器 B_7 合成一个完整的波形,推动扬声器发出声音。输出变压器采用自耦变压器,可提高音频信号的输出效率。

　　R_{15} 是 V_7、V_8 的偏置电阻,调整 R_{15},使末级推挽功率放大器的工作电流在 $4 \sim 10\ \mathrm{mA}$ 之间,D_3 二极管起稳定 V_7、V_8 晶体管工作及温度补偿的作用。当环境温度升高时,V_7、V_8 基极工作电流会增大,同时随着温度的升高,D_3 管压降变小,造成偏置电压减小,使 V_7、V_8 基极电流减少,集电极电流也随之减少,起到温度补偿作用,使推挽功率放大器稳定工作。

6.3　装配前的准备工作

装配开始前，首先清点零件，并分类放好。确认没有缺件、错件。表 6.3.1 为 B123 调幅收音机的零件清单。

表 6.3.1　B123 调幅收音机的零件清单

元件位号目录				结构件清单		
位号	名称规格	位号	名称规格	序号	名称规格	数量
R_1	电阻 150 kΩ	C_7	元片电容 223	1	前框	1
R_2	电阻 2.4 kΩ	C_8	元片电容 223	2	后盖	1
R_3	电阻 100 Ω	C_9	元片电容 223	3	网罩	1
R_4	电阻 20 kΩ	C_{10}	电解电容 4.7 μF	4	指示板	1
R_5	电阻 20 kΩ	C_{11}	电解电容 4.7 μF	5	调谐盘	1
R_6	电阻 150 Ω	C_{12}	元片电容 333	6	音量盘	1
R_7	电阻 1 kΩ	C_{13}	元片电容 333	7	指针	1
R_8	电阻 62 kΩ	C_{14}	元片电容 223	8	磁棒支架	1
R_9	电阻 51 Ω	C_{15}	电解电容 100 μF	9	扬声器压板	1
R_{10}	电阻 680 Ω	C_{16}	电解电容 100 μF	10	正极片	1
R_{11}	电阻 390 kΩ	C_{17}	电解电容 100 μF	11	负极弹簧	2
R_{12}	电阻 470 Ω	B_1	磁棒 B5×13×80 天线线圈	12	印刷线路板	1
R_{13}	电阻 2 kΩ			13	拎带	1
R_{14}	电阻 100 kΩ	T_1	振荡线圈（红）	14	双联、调谐盘螺钉 M2.5×5	3
R_{15}	电阻 1 kΩ	T_2	中周（黄）			
R_{16}	电阻 220 Ω	T_3	中周（白）	15	喇叭、机芯自攻螺钉 M3×6	2
R_{17}	电阻 220 Ω	T_4	中周（黑）			
R_{18}	电阻 2.2 Ω	B_2	输入变压器（绿）	16	音量盘螺钉 M1.7×4	1
VOL	电位器 5 kΩ	B_3	输出变压器（红）			
C_1	双联 CBM223P	D_1	二极管 1N4148	17	正极线（红）	1
C_2	元片电容 223	D_2	二极管 1N4148	18	负极线（黑）	1
C_3	元片电容 103	D_3	二极管 1N4148	19	喇叭线（白）	2
C_4	电解电容 4.7 μF	Q_1	三极管 9018H	20	电路图	1
C_5	元片电容 223	Q_2	三极管 9018H			
C_6	元片电容 223	Q_3	三极管 9018H			

元件位号目录				结构件清单		
位号	名称规格	位号	名称规格	序号	名称规格	数量
Q$_4$	三极管 9018H	Q$_7$	三极管 9013H			
Q$_5$	三极管 9018H	Q$_8$	三极管 9013H			
Q$_6$	三极管 9013H	SPK	ϕ 66 mm 8 Ω 扬声器			

在清点完元器件后,再使用多用表测量元器件的好坏,具体测量内容如表 6.3.2 所示。

表 6.3.2 元器件测量项目

类别	测量内容	多用表挡位
电阻	电阻值	电阻挡
电容	电容值、电容绝缘电阻	电容挡、电阻挡
二极管	正、反向导通压降	二极管挡
三极管	hfe 值 9018G (72—108) 9018H(97—146) 9013H(144—202)	hfe 挡
中周	初次级间电阻为无穷大	电阻挡
输入变压器 （蓝色）		电阻挡
输出变压器 （红色）	自耦变压器无初、次级	电阻挡

6.4 元器件装配焊接工艺

6.4.1 元器件的装配

在焊接电路前,首先要将元器件安装到电路板上。元器件的封装形式分为通孔插入式封装(Through-hole Package)和表面安装式封装(Surface Mounted Package)两大类,每一类中又有多种形式。通孔插入式封装的元器件在焊接时,引脚要穿过电路板上的通孔,然后焊接到电路板反面的铜箔上,元器件和焊接点分布在电路板的两边。而表面安装式封装的元器件的引脚无须穿过电路板,其焊接面和元器件在电路板的同一边。表面安装式封装器件尺寸相对较小,单位面积内可以安装的数量多,现在已经成为主流应用了。但对于一些尺寸比较大或者大功率的器件,仍然会使用通孔插入式封装。

因为本收音机的安装主要是训练学生的基本焊接及组装能力,同时为了便于测量和调试,B123 调幅收音机的元器件仍为通孔插入式封装。本章主要介绍通孔插入式器件的安装及焊接方法。

电阻和二极管均为轴向元件,也就是元件的两根引线在同一轴线上且分立在器件两边。这种轴向元件有两种安装方法:立式插法和卧式插法。卧式插法是轴向元件常用的安装方式,这种安装方式比较牢固,相对也比较美观,缺点是占用电路板面积较多。轴向元件的立式插法一般只在线路板面积有限的情况下才会使用。安装时要将其中一只引脚弯折 180°后再插入对应的焊盘孔。引脚不要齐根弯折,而应在引脚根部留出 1~2 mm 的长度,否则容易使元件根部的保护层裂开。折弯时色环应采用相同的排布方向,便于调试时识别阻值。

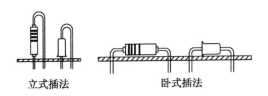

立式插法　　　　　　　卧式插法

图 6.4.1　轴向元件的安装方法

电容、三极管元件属于径向元件。径向元件就是指同一截面同一方向上引出引脚的元器件。对于这些元件,一般情况下都采用立式插法。安装这些元件时,需要看一下引脚间距和电路板上的孔距是否匹配。若不匹配,还需要使用镊子对引脚做一定的折弯。

在手工安装和焊接的过程中,一般采用先低后高的原则。也就是先安装和焊接高度低的元件,然后依次焊接高度高的元件。因为一般会插好一批同类型的器件,然后把插好器件的电路板翻过来焊接。如果先焊接了高度高的元件,那电路板翻过来的时候,那些高度低的元件会掉落下来。

6.4.2　元器件的焊接

在制作收音机的过程中,焊接技术很重要。收音机元件的焊接,主要是利用焊锡,它不但能固定零件,而且能保证可靠的电流通路。焊接质量的好坏直接影响收音机的质量。

1. 电烙铁的选择

电烙铁主要分为外热式电烙铁、内热式电烙铁、恒温式电烙铁和吸锡式电烙铁。

(1) 外热式电烙铁

外热式电烙铁由烙铁头、烙铁芯、外壳、电源线、插头等部分组成。由于烙铁头安装在烙铁芯里面,故称为外热式电烙铁。它的烙铁芯是将电热丝平行地绕制在一根空心瓷管上构成的,中间的云母片绝缘,并引出两根导线与 220 V 交流电源连接。烙铁芯产生的热量将会传递给插在其中间的烙铁头。烙铁头一般是用紫铜材料制成的,它的作用是储存热量和传导热量,它的温度必须比被焊接的温度高出许多。烙铁的温度除了与烙铁芯的功率有关外,还与烙铁头的体积、形状、长短等有一定的关系。另外,为适应不同焊接物的要求,烙铁头的形状有所不同,常见的有锥形、凿形、圆斜面形等。

(2) 内热式电烙铁

内热式电烙铁由手柄、连接杆、弹簧夹、烙铁芯、烙铁头等组成。由于烙铁芯安装在烙铁头里面,因而称为内热式电烙铁。该种电烙铁发热快,热效率高,20 W 内热式电烙铁就相当于 40 W 左右的外热式电烙铁。内热式电烙铁的烙铁头后端是空心的,用于套接在连接杆上,并且用弹簧夹固定,当需要更换烙铁头时,必须先将弹簧夹退出,同时用钳子夹住烙铁头的前端,慢慢地拔出,切记不能用力过猛,以免损坏连接杆。

(3) 恒温式电烙铁

恒温式电烙铁根据控制方式的不同,可分为电控恒温电烙铁和磁控恒温电烙铁两种。

磁控恒温电烙铁头内装有带磁铁式的温度控制器,当烙铁头的温度上升到预定的温度时,因强磁体传感器达到了居里点而磁性消失,使得磁芯触点断开,从而停止向电烙铁供电;当温度低于强磁体传感器的居里点时,强磁体便恢复磁性,并吸引磁芯开关中的永久磁铁,使控制开关的触点接通,电烙铁继续供电。如此循环往复,便达到了控制温度的目的。

电控恒温电烙铁头内装有一个温度传感器,控制电路可以根据传感器的反馈信号得到当前温度,并通过预设温度来控制烙铁芯是否加热,从而达到控制温度的目的。这种电控恒温电烙铁加热快,温度在一定范围内可以任意调节,因而得到了广泛应用。

(4) 吸锡式电烙铁

吸锡式电烙铁是将活塞式吸锡器与电烙铁融为一体的拆焊工具。它具有使用方便、灵活、适用范围广等特点。

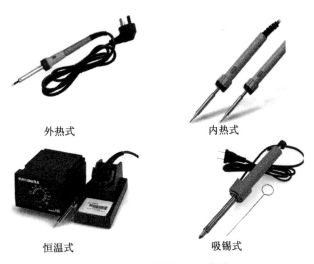

外热式　　　　　　　　内热式

恒温式　　　　　　　　吸锡式

图 6.4.2　电烙铁的不同类型

2. 焊接方法

元器件插好后就需要使用电烙铁将元器件焊接在电路板上。在焊接之前先检查元器件引脚是否被氧化或沾有绝缘漆。如被氧化,则需要先去除,否则会影响焊接效果,造成虚焊等现象。同时,还要检查一下电路板的焊盘是否有氧化现象。如果焊盘被氧化,可以用酒精等溶剂清洁,对氧化严重的部分可以用刀片轻轻刮一下,注意不要损坏焊盘。如有必要,可以在焊接的时候额外添加助焊剂。

焊接使用的焊料为焊锡丝,其主要成分是含锡的合金,被做成细丝状以便于焊接。焊锡丝的中心部分为助焊剂,可以提高焊接质量。焊锡丝的熔点温度大约为 200 ℃,当使用电烙铁焊接时,电烙铁产生的高温使焊锡丝熔化并浸润到焊盘和元件引脚之间。电烙铁移开后,温度下降,焊锡再次固化并将焊盘和元件引脚固定在一起。对于一般元件的焊接,可以使用 0.6～1.0 mm 粗细的焊锡丝。若需要焊接表面封装或微小的元器件,可以使用更细一些的焊锡丝。在使用恒温式电烙铁焊接时,电烙铁温度可以设定到 350℃左右。若温度太低,可能会导致焊锡熔化不充分,导致焊接不良;若温度过高,则有可能会损伤焊盘或元器件。当焊接的元件散热较快或焊盘连接着大片铜箔时,可以适当调高焊接温度。同样地,若元件或电路板焊盘尺寸较小,也可以适当调低焊接温度。

焊接时,通常左手拿焊锡丝,右手拿电烙铁,若是习惯左手操作的人则相反。电烙铁与电路板间的夹角约 45°,烙铁头和焊锡分别在元件引脚的两边,如图 6.4.3 所示。在烙铁头接触焊点的同时送上焊锡,焊锡的量要适量。太多易引起搭焊短路,太少元件又不牢固。焊接时要注意控制加热时间。若时间太短,焊锡熔化不充分,导致焊点锡面不光滑,结晶粗脆,如豆腐渣一样,那就形成虚焊,导致焊点不牢固;若时间过长,则可能会烫坏电子元件及印刷电路板。焊点熔化后,先移开焊锡丝,稍等片刻后移开烙铁头。移开烙铁头后,焊锡不会立即凝固。这时要注意不能立即移动焊接件,应稍等一两秒,等焊锡凝固后才能移动焊接件,否则焊锡会凝成砂状,造成附着不牢固而引起虚焊。好的焊点必须具有稳定可靠的电气连接和较高的机械强度。从外观看起来,焊锡要填满整个焊盘,焊点的立体结构类似于表面略微凹陷的圆锥体,同时焊点表层光滑,金属光泽较好,如图 6.4.4 所示。

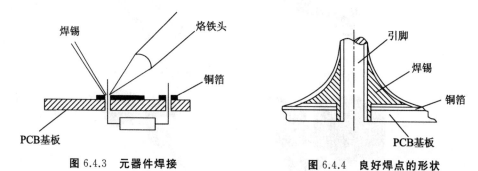

图 6.4.3　元器件焊接　　　　　　　图 6.4.4　良好焊点的形状

当电烙铁暂时不用时,要把电烙铁插在烙铁架上(图 6.4.5),防止高温的烙铁头烫到手或者烫坏其他物品。当连续焊接了比较多的焊点后,烙铁头上也许会沾上一些杂质,这会影响后面的焊接。这时可以把烙铁头在沾了水的高温海绵上来回蹭几下除去杂质。

图 6.4.5　烙铁架

焊接终止后,要用斜口钳剪去过长的元件引脚,同时检查一下有没有漏焊、搭焊及虚焊等现象。虚焊有时不容易被发现。造成虚焊的原因较多,必要时可用镊子轻轻地拉一下元件,检查其是否松动,若松动,应重新焊接。

3. 元件焊接顺序

建议元器件按以下顺序焊接。

① 电阻、二极管。

② 元片电容。

③ 晶体三极管。

④ 中周、输入/输出变压器。

⑤ 电位器、电解电容。

⑥ 双联电容、天线线圈。

⑦ 电池夹引线、喇叭引线。

每焊接完一部分元件,都应检查一遍焊接质量及是否有错焊、漏焊,发现问题及时纠正。

6.4.3　其他元件的安装

1. 双联电容和天线的安装

在安装双联电容时,要先将天线支架插在电路板正面和双联电容之间,然后用两只 M2.5×5 的螺钉固定,并将双联电容引脚焊接牢固,剪去多余部分。注意一定要先固定双联电容再焊接,否则在焊好引脚后用螺丝固定时有可能产生应力,出现铜箔翘起或电路板弯曲等现象。

　　线圈的套管上共有两组线圈,有时线头可能混在一起不易区分。可以使用多用表测量图 6.4.6 中线圈的 1、2、3、4 四个线头之间的电阻来确认。阻值较小的是 3、4 组线圈,阻值较大的是 1、2 组线圈。1、2 组和 3、4 组线圈之间的阻值是无穷大。

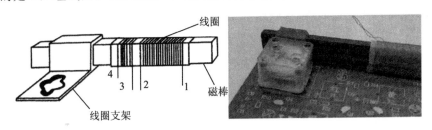

图 6.4.6　天线和双联电容安装

2. 电位器的安装

　　将电位器焊接在电路板指定位置后,把电位器的拨盘装到电位器上,并用 M1.7×4 的螺钉固定。

3. 调谐盘的安装

　　将调谐指针按图 6.4.7 所示安装后,再将其安装于双联电容的调谐轴上,并用 M2.5×5 的螺钉固定,安装时注意旋转方向。装好后将图中所示指针嵌入调谐盘并插入中框指针导槽中。

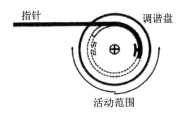

图 6.4.7　调谐盘的安装

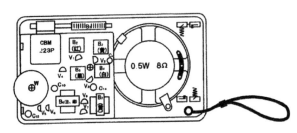

图 6.4.8　喇叭和电池座的安装

4. 喇叭和电池座的安装

　　将喇叭安装于前框的圆形凹槽中,稍稍用力卡入其中,并用螺丝将喇叭压杆固定,再将白色的喇叭线焊在喇叭的焊盘上。将负极弹簧和正极片卡在电池座的卡槽中,并在单个的正极片和负极弹簧上分别焊上红色线(正极)和黑色线(负极),再按图 6.4.8 所示套在前框内。

6.4.4　安装注意事项

　　焊接元件和安装器件时要注意以下事项:

　　① 所有元器件均应采用直立安装,将电阻、二极管弯脚,电阻色环方向应一致。

　　② 元件极性应符合图纸规定,注意二极管的正负极与三极管的 E、B、C 极及电解电容的正负极的引脚顺序。

③ 输入(绿)、输出(红)变压器不能调换位置。

④ 中周与振荡线圈的位置不能调换,否则本振会不起振;三个中周位置也不能搞错,否则灵敏度和选择性降低,还可能引起自激;中周外壳均应用锡焊接牢固。

⑤ 将双联电容 CBM223P 安装在印刷电路板正面,将磁棒支架置于双联电容下,然后用两只 M2.5×5 螺钉固定,将双联电容引脚超出电路板部分折弯后焊牢,并剪去多余部分。

⑥ 焊接天线线圈时,先要确定四个脚,用多用表检测出四个脚后按照图纸焊在电路板上,注意焊接上锡的部分。

⑦ 元件脚不能留得过长,否则易导致相邻元件脚相碰引起短路故障,引脚露出长度一般不超过 1.5 mm。

⑧ 将正极线、负极线分别焊接于正极片与负极弹簧上后,再安装于塑料壳上,以免烫坏塑料外壳。

6.5 收音机的调试

6.5.1 各级晶体管工作电压和电流参考

表 6.5.1 为收音机各级晶体管工作电压和电流参考。可以先用多用表测量电路中各三极管对应的电压、电流值并和表中数据对照。若数据差异较大,则根据图纸查找相应原因。

表 6.5.1 收音机各级晶体管工作电压和电流参考

三极管	V_1	V_2	V_3	V_4	V_5	V_6	V_7	V_8
B 极	1.1 V	8 V	0.8 V	0.7 V	0.89 V	0.7 V	0.66 V	0.66 V
E 极	0.58 V	0.07 V	0.05 V	0.14 V	0.16 V	0 V	0 V(静态)	0 V(静态)
C 极	1.4 V	1.4 V	1.4 V	0.7 V	2.2 V	2.2 V	3 V	3 V
集电极电流	0.18～0.3 mA	0.4～0.8 mA	1～2 mA	—	0.4～0.7 mA	3～5 mA	4～10 mA	

6.5.2 整机调测

当各三极管的工作电压和电流都正常后,就可以对收音机的中周进行微调,提高其灵敏度,调整电台刻度线。调试需要用到示波器、带调幅输出功能的信号发生器、环形天线、无感螺丝刀。

收音机调试连接图如图 6.5.1 所示,将信号发生器设置成调幅输出,调幅度设置为

30%,调制波为 1 kHz 的正弦波。将信号发生器输出端的夹子夹在环形天线的电缆输入端,示波器探头夹在喇叭的两个端子上。具体调试步骤如下:

①　调节中频放大电路。将信号发生器的输出设置成载波频率为 465 kHz 的调幅波,用示波器观察喇叭上的电压信号,依次调节 T4(黑)、T3(白)、T2(黄)三个中周,且反复调节,使得电压幅度最大。

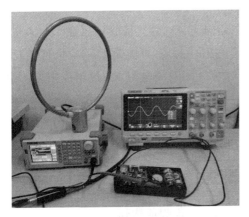

图 6.5.1　收音机调试连接图

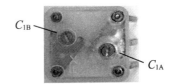

图 6.5.2　双联电容

②　调节频率低端谐振点。将信号发生器的输出设置成载波频率为 520 kHz 的调幅波,调节双联电容调谐旋钮到最低端(逆时针旋转到底),用示波器观察喇叭上的电压信号。用无感螺丝刀调节红色中周 T_1 的磁芯,使得电压幅度最大。

③　调节频率高端谐振点。将信号发生器的输出设置成载波频率为 1 620 kHz 的调幅波,调节双联电容调谐旋钮到最高端(顺时针旋转到底),用示波器观察喇叭上的电压信号。用无感螺丝刀调节双联电容上的微调螺丝 C_{1B}(图 6.5.2),使得电压幅度最大。

④　重复步骤②③,直至在低端频率点和高端频率点时电压输出均能调至最大。

⑤　将信号发生器的输出设置成载波频率为 600 kHz 的调幅波,调节双联电容调谐旋钮,当其收到 600 kHz 信号后,调节磁棒线圈位置,使得电压输出最大。

⑥　将信号发生器的输出设置成载波频率为 1 400 kHz 的调幅波,调节双联电容调谐旋钮,当收音机收到 1 400 kHz 信号后,用无感螺丝刀调节双联电容上的微调螺丝 C_{1A},使得电压输出最大。

⑦　重复步骤⑤⑥,直至在 600 kHz 和 1 400 kHz 两个频率点电压输出均能调至最大。

⑧　以上步骤结束后,收音机即可收到高、中、低端电台,且频率与刻度基本相符。

6.5.3　收音机常见问题及解决方法

1. 收音机整机无声

①　电池没有电。

②　音量电位器开关未打开或接触不良。

③　电源线和喇叭线未连接或断路。

④ 喇叭损坏。可以将喇叭焊下,用多用表电阻挡测量其阻值,正常阻值应该是 8 Ω 左右,且测量时喇叭会发出"嗒嗒"声,若电阻过大或没有声音,则表示喇叭损坏。

2．整机静态总电流测量过大

本机静态总电流应该小于 25 mA,无信号时,若整机电流大于 25 mA,那么该机应该是出现了短路或局部短路的现象。

3．工作电压不正常

收音机的工作总电压为 3 V。正常情形下,D_1、D_2 两二极管电压在 1.4 V 左右,若电压过大或过小,收音机均不能正常工作。若电压过大,有可能是 D_1、D_2 极性接反或开路;若电压过小,则有可能是 D_1、D_2 有短路或 220 Ω 的限流电阻 R_{17} 接错或损坏。中周线圈与外壳短路也会造成 1.4 V 电压降到 0 V 左右。

4．变频级无工作电流

① 天线线圈次级未接好或开路。

② 三极管 Q_1 损坏或未按要求接好。

③ 本振线圈(红)次级不通。

④ 电阻 R_1(150 kΩ)、R_2(2.4 kΩ)、R_3(100 Ω)虚焊或错焊。

5．一级中放无工作电流

① 三极管 Q_2 损坏或未按要求接好。

② 电阻 R_5(20 kΩ)、R_6(150 Ω)虚焊或错焊。

③ 黄中周(T_2)次级和白中周(T_3)初级开路。

④ 电解电容 C_4(4.7 μF)短路。

6．一级中放工作电流大于 1.5 mA

① 电阻 R_7(1 kΩ)未接好或连接 R_7 的铜箔有断裂现象。

② 电容 C_5(223)短路或 R_6(150 Ω)电阻错成小阻值的电阻。

③ 音量电位器或 R_{10}(680 Ω)开路或未接好。

④ 检波管 Q_4 开路或插错。

7．二级中放无工作电流

① 三极管 Q_3 损坏或管脚接错。

② 白中周(T_3)次级和黑中周初级开路。

③ 电阻 R_8(62 kΩ)、R_9(51 Ω)虚焊或错焊。

④ 电容 C_6(223)短路。

8．二级中放电流大于 2 mA

电阻 R_8(62 kΩ)的阻值远小于 62 kΩ。

9．前置低频放大级无工作电流

① 输入变压器(蓝)初级开路。

② 三极管 Q_6 损坏或接错。

③ 电阻 R_{14}(100 kΩ)开路或虚焊。

10. 前置低频放大级电流大于 6 mA

电阻 R_{14}(100 kΩ)装错或阻值太小。

11. 功放级无电流

① 输入变压器(蓝)次级开路。

② 输出变压器(红)开路。

③ 三极管 Q_7、Q_8 损坏或接错。

④ 电阻 R_{15}(1 kΩ)、R_{18}(2.2 Ω)开路或虚焊。

12. 功放级电流大于 20 mA

① 二极管 D_3 损坏或未焊好。

② 电阻 R_{15}(1 kΩ)用了远小于 1 kΩ 的电阻。

附件

收音机原理图及装配图

B123八管半导体收音机

电原理图

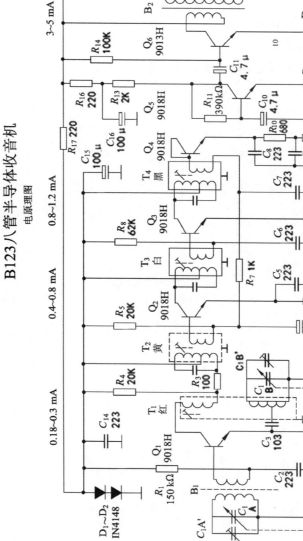

主要性能			
频率范围	525~1 605 kHz	电源电压	3V 2节2号电池
频率范围	465 kHz	静态电流	无讯号时消耗电流 <25 mA
灵敏度	≤1.5 mV/m, 20dB, S/N		
选择性	≥20dB, ±9 kHz	输出功率	≥180 mW, 10%失真时

说明:
1. "×"为集电极工作电流测试点,电流参考值见图上方。
2. 焊接要求:中周T₁[红]、中周T₂[黄]、中周T₃[白]外壳两脚应弯脚与铜箔焊接牢固。

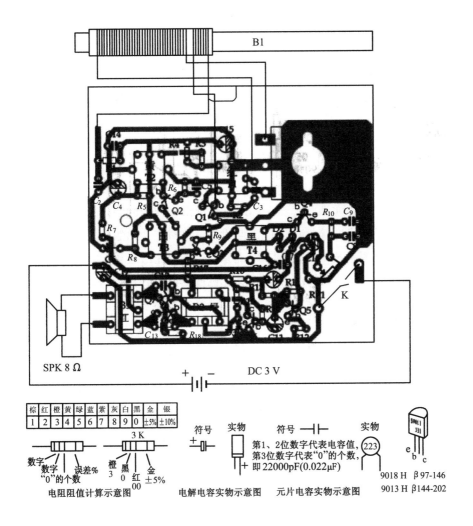

棕	红	橙	黄	绿	蓝	紫	灰	白	黑	金	银
1	2	3	4	5	6	7	8	9	0	±5%	±10%

数字
数字
"0"的个数
误差%

3 K
橙 黑 红 金
3 0 00 ±5%

电阻阻值计算示意图

符号 实物
±

电解电容实物示意图

符号 实物
223

第1、2位数字代表电容值，
第3位数字代表"0"的个数，
即22000pF(0.022μF)

元片电容实物示意图

9018 H　β97-146
9013 H　β144-202

参考文献

[1] 王天曦,李鸿儒,王豫明.电子技术工艺基础[M].2 版.北京:清华大学出版社,2009.

[2] 顾三春,仝迪.电子技术实验[M].北京:化学工业出版社,2009.

[3] 罗杰,谢自美.电子线路设计·实验·测试[M].5 版.北京:电子工业出版社,2014.

[4] 单海校.电子综合实训[M].北京:北京大学出版社,2008.

[5] 于海雁.电子技术实验教程[M].2 版.北京:机械工业出版社,2014.

[6] 康秀强.电子测量技术与仪器[M].北京:机械工业出版社,2018.

[7] 邓木生.电子技能训练[M].3 版.北京:机械工业出版社,2016.

[8] 周鸣籁,吴红卫,方二喜,等.模拟电子线路实验教程[M].苏州:苏州大学出版社,2017.

[9] 曹文,贾鹏飞,杨超.硬件电路设计与电子工艺基础[M].2 版.北京:电子工业出版社,2019.

[10] 陈永真,李锦.电容器手册[M].北京:科学出版社,2008.

[11] Paul Scherz. Practical Electronics for Inventors[M]. New York:McGraw-Hill,2013.

[12] John M Hughes. Practical Electronics:Components and Techniques[M]. 影印版.北京:人民邮电出版社,2016.